国家级一流本科专业教材成果

基于Python的GIS空间分析

高培超　谢一茹　叶思菁　宋长青◎编著

JIYU PYTHON DE GIS
KONGJIAN FENXI

北京师范大学出版集团
BEIJING NORMAL UNIVERSITY PUBLISHING GROUP
北京师范大学出版社

图书在版编目(CIP)数据

基于 Python 的 GIS 空间分析 / 高培超等编著. —北京：北京师范大学出版社，2023.12
ISBN 978-7-303-29343-8

Ⅰ. ①基… Ⅱ. ①高… Ⅲ. ①地理信息系统－应用软件－软件开发 Ⅳ. ①P208

中国国家版本馆 CIP 数据核字(2023)第 151074 号

教 材 意 见 反 馈　010-58805079　gaozhifk@bnupg.com
营 销 中 心 电 话　010-58802755　58800035

出版发行：北京师范大学出版社 www.bnupg.com
　　　　　北京市西城区新街口外大街 12-3 号
　　　　　邮政编码：100088
印　　　刷：三河市兴达印务有限公司
经　　　销：全国新华书店
开　　　本：787 mm×1092 mm　1/16
印　　　张：12.75
字　　　数：276 千字
版　　　次：2023 年 12 月第 1 版
印　　　次：2023 年 12 月第 1 次印刷
定　　　价：42.50 元

策划编辑：赵洛育　　　　　　　责任编辑：赵洛育
美术编辑：陈　涛　李向昕　　　装帧设计：陈　涛　李向昕
责任校对：赵非非　　　　　　　责任印制：马　洁　赵　龙

内容简介

本书主要内容包括：①面向 GIS 空间分析的、精练的 Python 语言基础知识，该部分不力求 Python 知识的面面俱到，仅局限于本书 GIS 空间分析中用到的、必要的 Python 基础知识，适合 Python 语言零基础读者；②GIS 基础知识，包括必要的概念简介、重要的数据格式，可为 GIS 理论零基础读者补充必要知识；③GIS 空间分析的理论与基于 Python 的实践，通过清晰简明的语言介绍每项 GIS 空间分析技术背后的概念背景、理论基础与方法体系，并通过 Python 语言实现经典的分析方法，对所有重要的代码语言进行阐述与解释，以期望读者能够举一反三、融会贯通。

本书主要面向地理信息科学专业的本科生、地理信息科学第二学位的本科生（文理科多样化的第一学位背景）以及空间数据处理爱好者，也可为地理信息系统、空间分析的本专科教学提供与时下盛行编程语言相结合的素材。

序

GIS 空间分析是地理学、测绘科学与技术等国家一级学科中的核心专业课程，具有受众群体大、对个人专业发展影响深、理论与实践相结合的特点。实际上，GIS 空间分析在 GIS 领域之外也有广泛的应用，国土空间规划、商业选址评估、轨道交通建设、配送路线分析等行业应用中无不富有 GIS 空间分析的身影。实现 GIS 空间分析的传统方式有赖于专业软件，这也是 GIS 专业培养中的常见方式。对于各类行业用户而言，GIS 专业软件往往具有较高的技术壁垒、许可限制。同时，对习惯专业软件的用户而言，在脱离了专业软件的普通运算环境中，往往束手无策。

Python 等编程语言的盛行给专业领域的各类分析算法与模型的推广带来了新的机遇。Python 语言不仅具有门槛低、易掌握的优点，还具有便于分享与复用代码的优良机制。大批科研人员、专业用户与程序研发人员使用 Python 语言实现算法和模型，在测试评估后以 Python Package（包）的形式在网络上公开分享。Python Package 是典型的面向对象式编程思想的产物，用户无须明晰 Python Package 内部具体的原理，便可通过 Python Package 的名称调用其功能。这种机制极大地提高了代码的复用率、提高了编程效率，使 Python 成为风靡全球的编程语言。

本书顺应上述时代潮流，讲授 GIS 空间分析的理论与方法及其基于 Python 编程语言的实现方案。考虑到 Python 编程语言并非地理学、测绘科学与技术等学科中的基础课程，因此本书提供了详略得当的、适合 Python 编程语言零基础的、足以帮助理解书中案例的 Python 入门知识。本书的另一特色是在讲授 GIS 空间分析时做到了理论与实践相结合，在所有的 GIS 空间分析案例之前均有理论讲解。理论讲解做到了框架明朗、分类得当、解释清晰，使读者能够快速掌握重要概念、分类体系以及当前案例在整个分析体系中的位置。

高培超博士专注于空间分析多年，这是他牵头的呕心之作，对空间分析的理论与实践进行了深入浅出地阐释，对同人学者不无裨益，因此郑重推荐！

闫浩文

2023 年 6 月 1 日

前 言

2016 年 12 月，习近平总书记在全国高校思想政治工作会议上指出，高等教育发展水平是一个国家发展水平和发展潜力的重要标志。"两个一百年"奋斗目标有两方面内涵：一个是到中国共产党成立 100 年时全面建成小康社会；另一个是到新中国成立 100 年时建成富强民主文明和谐美丽的社会主义现代化强国。其中有一个重要的时间节点即在实现第一个百年奋斗目标的基础上，再奋斗 15 年，在 2035 年基本实现社会主义现代化。这个重要时间节点逐步临近，我国高等教育的质量水平及品质十分关键，高质量的教材建设迫在眉睫。

2022 年，习近平总书记在中国共产党第二十次全国代表大会上的报告中指出"教育、科技、人才是全面建设社会主义现代化国家的基础性、战略性支撑""加强基础学科、新兴学科、交叉学科建设，加快建设中国特色、世界一流的大学和优势学科"，并强调"深化教育领域综合改革，加强教材建设和管理"。本书立足北京师范大学优势学科——地理学，加强地理信息科学本科专业和第二学士学位专业的教材建设。

目前，市面上未有针对地理信息科学第二学士学位的专门性教材，也缺少针对第一学位本科生的、基于开源环境进行 GIS 空间分析的教材。第二学士学位的报名要求为"学生可报考与原本科专业分属不同学科门类的第二学士学位专业；或与原本科专业属于同一学科门类、但不属于同一本科专业类的第二学士学位专业。"因此，攻读第二学士学位的学生专业背景复杂、专业跨度广，不少学生来自与地理信息科学相差较远的文科专业，亟须一本零基础的学习教材。在此背景下，本书以第二学士学位学生为目标对象，力求帮助地理信息科学专业与计算机编程零基础的学生和读者更系统、高效地掌握本专业的基本知识，实现从本科专业到地理信息科学领域的无缝衔接。

本书在编写过程中避免了过于侧重理论或实际，力求理论与实践相结合，既有对专业基础概念和知识的介绍，也有基于理论知识的简单应用。本书使用了通俗易懂、逻辑清晰的语言，深入浅出地介绍了基于 Python 语言的常见 GIS 空间分析方法，每种方法同时配有代码示例与注解，因此做到了真正意义上的面向零基础读者。期望本教材能成为地理信息科学第二学士学位学生重要的学习材料，也可以作为地理信息科学本科以及广大 GIS 空间分析与 Python 爱好者的重要工具书。

高培超

2023 年 4 月 13 日

目　录

第 1 章　Python 语言基础

1.1　Python 语言简介

1.1.1　Python 语言的诞生与发展

Python 语言诞生于 20 世纪 90 年代初，其创始人为荷兰人吉多·范罗苏姆(Guido van Rossum)。Python 语言源自 ABC 语言，ABC 语言是 20 世纪 80 年代初由荷兰国家数学和计算机科学研究所研发的一种程序设计语言，旨在教学程序设计。吉多曾参与开发 ABC 语言系统数年，十分清楚 ABC 语言的优势和劣势。吉多认为 ABC 语言之所以被淘汰是由于在那个年代没有互联网，开发者与使用者之间没有反馈与交流，ABC 语言始终在一条无反馈的单行道上前进。因此，吉多汲取 ABC 语言开发中的经验，于 1991 年开发了属于自己的第一个程序设计语言，将其命名为 Python(巨蟒)。

命名为"Python(巨蟒)"背后有着小小的故事。起名为 Python 并不是因为吉多喜欢蟒蛇，而是因为他是电视剧《蒙提·派森的飞行马戏团》(*Monty Python's Flying Circus*)的忠实粉丝。此处的蒙提·派森(Monty Python)是英国当时盛行的一个喜剧团体。出于这份热爱，吉多直接将自己创造的语言命名为 Python。20 世纪 90 年代后，随着互联网和开源方式的兴起和发展，Python 语言凭借其开源机制和卓越性能风靡全球，成为当今最流行的程序设计语言之一。

Python 语言开放且具有活力。在诞生初期，世界上不同领域的 Python 语言使用者针对自身需求对 Python 语言的功能进行延伸和扩展，并将这些改进的功能发送给吉多，由他决定是否在 Python 语言中增加这些功能。随着 Python 语言逐渐流行，使用群体逐渐庞大，Python 语言功能的扩展转变为开源模式。Python 语言使用者直接将所开发的改进功能公开到网络平台，便可供所有使用者共同改进和使用。在这一阶段，吉多将这些改进功能的发展放手给全世界优秀的 Python 语言开发者，自己则主要把关 Python 语言的核心框架。如今，Python 语言的核心框架已经基本确立，并已成为最受欢迎的程序设计语言之一。在 *IEEE Spectrum* 最新发布的 2022 年度编程语言排行榜 (https：//spectrum. ieee. org/top-programming-languages-2022)中，Python 语言位居榜首，如图 1-1 所示，这也是 Python 语言自 2017 年以来第 6 年蝉联第一。

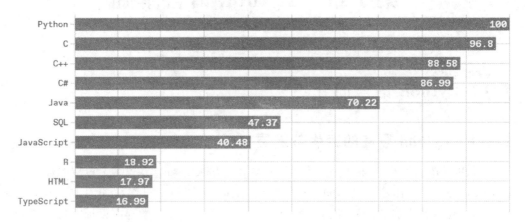

图 1-1　*IEEE Spectrum* 发布的 2022 年度编程语言排行榜前 10 名

1.1.2　Python 语言的优缺点

Python 语言具有简单易懂、功能全面、开发高效等优点，也有无法多线程运行、运行速度慢、保密性低等缺点。

1. Python 语言的优点

(1)简单易懂。

简单易懂是 Python 语言在众多程序设计语言中最具优势的一点。Python 语言最初的定位是让非专业程序员轻松编程，因此 Python 语言程序相比于其他语言程序更加简洁、易懂。对于代码初学者，Python 语言是一款极易入门的语言。同时，合理学习和深入的研究能够让初学者在相对更短的时间内掌握更为丰富的知识和技能。

(2)功能全面。

Python 是一个开源程序语言，具有一个庞大且全面的开源平台。全世界 Python 开发者将他们实现、改进的多样功能封装为一个个第三方模块(也形象地称为"库")放入这一平台中，供所有 Python 使用者免费使用。如今的 Python 使用者无论想要实现何种功能、解决何种问题，几乎均可在这一平台中找到合适的、现成的第三方模块。即使问题的针对性强，无完全匹配的功能模块，也可能会存在实现类似功能的模块以供参考。

(3)开发高效。

在 Python 中，由于一个个功能被封装到一个个第三方模块中，在实现功能时无须考虑底层代码的构成和编写，只需通过简单代码调用对应的模块即可。因此，在实现相同的功能时，Python 代码量远低于 Java、C 等语言，程序开发效率显著提高、开发周期大大缩短。这一优势也使得 Python 深受互联网公司喜爱和追捧。

2. Python 的缺点

(1)无法多线程运行。

这是 Python 公认的最大缺点。Python 有一个名为全局解释器锁(Global Interpreter Lock)的工具,用于限制 Python 在同一时间多线程运行,即使在多核 CPU 平台中也无法并行执行任务。

(2)运行速度慢。

相比于 Java 和 C 语言,Python 的运行速度要慢许多。但对于普通的使用场景,Python 的运行速度并不会成为使用者的阻碍。

(3)保密性低。

由于 Python 是一个开源程序语言,程序员所开发的代码无法加密,均以明文形式储存。因此对于那些要求高保密性的使用者并不友好。

1.1.3　Python 的应用领域

Python 的应用领域广泛,几乎所有大型互联网公司都在借助 Python 完成各式各样的应用和任务。Python 的应用领域包括 Web 开发、人工智能、自动化运维、网络爬虫、云计算、软件开发、科学计算等。参考 Python 官方网站给出的应用示例,介绍如下 3 个常见的应用领域。

1. Web 开发

在 Web 开发中,Python 提供了许多开源的网页模板系统、数据函数模块、与 Web 服务器交互的模块。借助这些开源工具(可以高效搭建 Web 框架、实现 Web 开发。尤其是随着 Python 的 Web 框架逐渐成熟,如常见的 Django、Flask 等),程序开发人员可以更加轻松地开发和管理复杂的 Web 系统。Python 在 Web 开发领域势如破竹,众多大型互联网公司的 Web 程序均广泛使用了 Python 语言。例如,全球最大的搜索引擎 Google 在其网络搜索功能中使用了 Python 语言,YouTube 视频网站的视频分享功能也大量使用 Python 语言编写,在中国常使用的知乎、美团、豆瓣等平台都是使用 Python 开发的。

2. 科学计算

Python 的多个第三方模块具有庞大的数学运算和科学分析功能,被广泛应用于科学研究中。例如,名为"SciPy"的第三方模块提供了大量工程软件及数学运算的实现工具,名为"Pandas"的第三方模块提供了大量数据分析和建模的实现工具等。另外,随着近年来大数据的兴起,Python 借助第三方模块可以高效、轻松地开发大数据处理平台,实现大数据计算分析。例如,美国国家航空航天局使用 Python 处理海量卫星遥感数据,美国银行利用 Python 开发金融产品平台,处理海量金融数据。

3. 软件开发

Python 通常作为软件开发程序员的支持语言,用于构建、管理和测试软件。例如,第三方模块 Roundup 和 Trac 可用于错误跟踪和项目管理,Buildbot 和 Apache Gump 常用于软件测试等。

1.2 对象和变量

1.2.1 Python 中的数据模型：对象

在 Python 中，"对象"(object)是最重要、最基础的概念，也是最容易与通常意义上的"变量"(variable)所混淆的概念。从某种意义上，任何编程语言的本质均为处理数据，而"对象"是 Python 对数据的理解和抽象，是 Python 的数据模型。

每个对象由三部分组成(在不同的资料中亦被称为对象的三大属性或要素，图 1-2)：标识(identity，有时译为本征值)、数据的类型(type)、数据的值(value)。其中，标识用于区分不同的对象，每个对象的标识都是唯一的。一般情况下，对象使用内存地址作为标识。因此，从存储的角度而言，每个对象都对应着唯一的内存地址。

数据的类型，具体而言是指 Python 中所规定的数据类型。每种数据类型对应着不同的存储长度，有着不同的内存空间需求。由于内存地址只是内存中基本单元(长度固定，通常为 1 个字节)的地址，而数据类型所需求的内存空间往往多于单个内存基本单元，因此从存储的角度而言，对象的更准确理解为内存中的一块存储区域。标识所对应的内存地址实际上是该存储区域的起始地址，数据类型决定了该存储区域的大小。在 Python 中，常见的数据类型包括数字(Number)、字符串(String)、列表(List)、元组(Tuple)和字典(Dictionary)，将在 1.2.3 节详细介绍。

数据的值最容易理解，表示对象对应的存储区域中存放的值。值分为可变(mutable，也称为"无常")和不可变(immutable，也称为"有常")两类。在 Python 中，值的可变性是由对象的数据类型决定的。当数据类型是数字、字符串或元组时，值不可变；当数据类型是字典和列表时，值可变。值是否可变的本质区别在于，当用户修改值时，程序是直接修改原存储区域中的值还是新开辟存储区域。

根据值是否可变，对象分为可变(无常)和不可变(有常)两类。

(1)不可变对象(有常对象)是指值不可修改的对象，如果用户对该对象进行修改值的操作，程序实际上并不会修改原存储区域中存放的值，而是在内存中开辟新的存储区域存放修改后的值，即修改后的值只能"换址存储"。

(2)可变对象(无常对象)是指值可修改的对象，如果用户对该对象进行修改值的操作，那么程序将直接修改原存储区域中存放的值，简称"原址修改"。

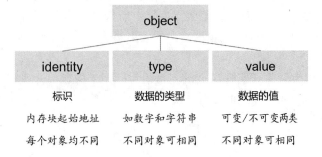

图 1-2 对象的结构示意图

1.2.2　对象的引用：变量

在 Python 中，变量是指对象的"临时标签"，专业术语称为对象的引用（是对象和变量之间的连接关系），类似其他编程语言中的指针。从形象理解的角度而言，如果将对象比喻为一份快递包裹，那么变量就像是包裹身上贴的标签"小李的快递包裹"；如果将对象比喻为一间办公室，那么变量就像是办公室的门牌"小张的办公室"。

在 Python 中，使用等号"＝"给变量赋值，等号左、右边分别是变量名称和值。该等号与数学中的等号不同，在数学中等号左、右两边的项目可以交换，因此数学中等号不具有方向性；此处的等号具有方向性，需从右向左理解，表示赋值。例如：

```
pi = 3.14                              ♯ 将数字 3.14 赋予变量
name = "Alex"                          ♯ 将"Alex"赋予变量 name
answer= False                          ♯ 将 False 赋予变量 answer
authorList = ["XiaoMing", "XiaoHong"]   ♯ 将列表赋予变量 authorList
noIdea = NULL                          ♯ 将空值（在 Python 中用 NULL 表示）赋予变量 noIdea
```

当同时对多个变量赋值时，可采用下列简洁写法：

```
x = y = z = 100                        ♯ 将 100 同时赋予变量 x、y、z
pi, name = 3.14, "XiaoMing"            ♯ 将 3.14、"XiaoMing"分别赋予 pi 和 name
```

细心的读者可能会注意到，在上述例子中，在对变量进行首次赋值时，并未声明变量的数据类型，这是 Python 与 C＋＋、C♯等语言的不同点，Python 中的变量没有数据类型。因此，在 Python 中首次给变量赋值时，无须声明数据类型。

在 Python 中，变量具有以下命名规则。

(1)可由字母、数字、下划线构成，但是数字不能作为首个字符。

(2)Python 中保留的关键字不能作为变量名称，这些关键字如表 1-1 所示。

(3)除下划线之外，名称中不允许使用其他符号（包括空格）。

(4)变量名称区分大小写。例如，pi 和 Pi 是两个不同的变量。

表 1-1　Python 关键字总览

and	finally	not
as	for	None
assert	from	or
break	False	pass
class	global	raise
continue	if	return
def	import	try
del	in	True

elif	is	while
else	lambda	with
except	nonlocal	yield

理论上而言，符合命名规则的所有变量命名均可被接受。实际操作中，推荐读者采用更具体的命名习惯，以方便变量的识别。国际上常用的命名习惯被称为驼峰型命名方法。该方法是指变量名的第一个字符为小写字母，之后出现的每一个单词的首字母均大写。例如，myFirstName、myPhoneNumber、studentName 等。

1.2.3 对象的数据类型、创建与使用

在 Python 中，对象中的值有 5 种常见的数据类型，分别为数字、字符串、列表、元组和字典。

1. 数字

Python 数字类型具体包括 int(整型)、long(长整型)、float(浮点型)、complex(复数型)。整型是指无小数点的整数，包括正、负整数和零，其数值范围通常为 $[-2^{31}, 2^{31}-1]$；长整型是指无数值范围限制的整数，为区分长整型和整型，通常在整数后附字母 L(小写亦可)以区别，如"9L"和"9"分别是长整型和整型；浮点型是由整数部分与小数部分组成的数字；复数型是由实数部分和虚数部分组成的数字。

Python 的数字型数据既支持简单的数学运算，如加、减、乘、除、求余、取模等；也能够借助内置数学函数实现求和、求最值、求绝对值、四舍五入等操作。另外，第三方库 math 为 Python 提供了更多更高级的数学函数，如三角函数、对数函数、阶乘函数、开平方根函数等。对于 math 库中详细函数的使用，可参考 Python 官方文档对该库的介绍，网址为 https://docs.python.org/zh-cn/3/library/math.html。

需要注意的是，两个整型数字在进行除法运算时，即便可以整除，其结果也会更改为浮点型。而对两个整型数字进行相加、相减、相乘操作时，结果依然为整型数字。例如：

```
a = 4                # 对变量 a 赋予整型数字
b = 2                # 对变量 b 赋予整型数字
c = a + b            # 加法运算，并将运算结果赋予变量 c
d = a / b            # 除法运算，并将运算结果赋予变量 d
print(type(c))
>>> <class 'int'>    # 加法运算的运算结果为整型数字
print(type(d))
>>> <class 'float'>  # 除法运算的运算结果为浮点型数字
```

2. 字符串

字符串是指一串有序字符，用于表示文本数据，通常使用双引号标识。注意，和其他编程语言不同，Python 中只有字符串类型，没有字符类型(char)。

字符串中每个字符均对应一个索引值，索引值指示了字符串中每个字符的序列位置。索引值可以从前向后(从左至右)编号，也可以从后向前(从右至左)编号。向后编号则从 0 开始，对应字符串的第一个字符，并依次向后类推；向前编号则从 -1 开始，对应字符串的最后一个字符，并依次向前类推，如图 1-3 所示。

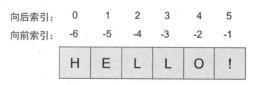

图 1-3　索引值与字符串的关系

通过索引可以读取字符串中的指定字符，方法为"变量名称[索引值]"。例如：

```
str = "hello!"          # 创建变量 str 并用于存储字符串型数据
print (str[0])          # 读取字符串中索引值为 0 的字符，并打印显示
>>> h
print (str[-6])         # 读取字符串中索引值为 -6 的字符，并打印显示
>>> h
```

通过规定索引值的范围，可读取字符串中的连续字符，方法为"变量名称[起始索引值：结束索引值]"。需要注意的是，上述索引范围意味着，从"起始索引值"对应的字符开始读取，至"结束索引值"对应字符的前一个字符结束，即"结束索引值 -1"的索引值对应的字符。在下面代码示例中，str[5]对应字符'!'，而返回的结果并不包含'!'。

```
str = "hello!"
print (str[0：5])        # 按照向后索引值读取
>>> hello
str = "hello!"
print (str[-6：-1])      # 按照向前索引值读取
>>> hello
```

字符串的常用操作包括连接多个字符串、判断两个字符串是否相等、判断字符串中是否包含指定字符或字符串等。

连接多个字符串的方法是"字符串 1 + 字符串 2"，返回值为"字符串 1 字符串 2"。

```
str1 = "hello"
str2 = " world!"
print (str1+str2)       # 读取 str1 与 str2 连接后的返回值，并打印显示
>>>hello world!
```

判断两个字符串是否相等的方法是"字符串 1 == 字符串 2"，返回值为 True 或 False，分别表示字符串 1 和字符串 2 相等或不相等。

```
str1 = "hello"
str2 = "world!"
print (str1 == str2)    ＃ 读取判断 str1 与 str2 是否相等的返回值，并打印显示
>>> False
```

判断字符串中是否包含指定字符(字符串)的方法是"指定字符(字符串) in 变量名称"，返回值为 True(此处表示包含)或 False(不包含)。

```
str1 = "hello world!"
print ("hello" in str1)    ＃ 读取判断 str1 中是否存在"hello"的返回值，并打印显示
>>> True
```

字符串常用于表达路径，方法有 3 种，分别是使用双反斜杠(\\)、正单斜杠(/)或以"r"开头的单反斜杠(\)。例如：

```
dataPath = "D:\ data \ dem. tif"       ＃ 错误示例
dataPath = "D:/data/dem. tif"          ＃ 正确示例 1
dataPath = "D:\\ data \\ dem. tif"     ＃ 正确示例 2
dataPath = r"D:\ data \ dem. tif"      ＃ 正确示例 3
```

3. 列表

列表是数据的有序集合，与字符串的不同之处在于，列表中支持存放任意类型(不仅是字符)的数据。将列表型数据值赋予变量的表达形式为"变量名称 ＝［数据 1，数据 2，数据 3，…］"。

列表中的每个数据也具有与之对应的索引值，索引值既支持向后编号也支持向前编号，如图 1-4 所示。

```
向后索引：     0         1          2
向前索引：    -3        -2         -1
authorList = ["XiaoMing", "XiaoHong", "XiaoZhang"]
```

图 1-4　索引与列表的关系

借助索引值可读取列表中的单个数据值，索引值指示了列表中每个数据的序列位置。将索引值填写在变量名称后的方括号中，即可读取指定序列位置的数据值。例如：

```
valuelist = ["Xiao Ming","math", 100]
student = valuelist[0]    ＃ 将 valuelist 变量中索引为 0 的数据赋予 student 变量
print (student)
>>> Xiao Ming
valuelist = ["Xiao Ming","math", 100]
score = valuelist[-1]    ＃ 将 valuelist 变量中索引为 -1 的数据赋予 score 变量
print (score)
>>>100
```

另外，通过规定索引值的范围可读取一系列连续的数据值。具体方法为"变量名称［起始索引值：结束索引值］"，得到的返回值是一个新列表。例如：

```
valuelist = ["Xiao Ming","math", 100]
item = valuelist[0：2]    # 将 valuelist 变量中索引值从 0 到 2 的数据赋予 item 变量
print (item)
>>> ['Xiao Ming', 'math']
```

值得注意的是，起始索引值和结束索引值均可省略。起始索引值默认为 0，即从第一个元素开始读取，结束索引值默认为 len (valuelist)，即读取到最末。

列表被创建后，其长度依然可以增加或缩短、已有数据可被改变。增加长度的方法是向已有列表中增加新数据。使用 append (数据) 方法可在已有列表之后添加单个数据。例如：

```
# 使用 append () 方法将"excellent"增加到 valuelist 变量中
valuelist. append ("excellent")
print (valuelist)
>>> ['Xiao Ming', 'math', 100, 'excellent']
```

使用 extend (［数据 1，数据 2，…］) 方法可在已有列表之后添加多个数据。例如：

```
# 使用 extend () 方法将"Xiao Hong" "math"、57、"bad"增加到 valuelist 变量中
valuelist. extend (["Xiao Hong","math", 57,"bad"])
print (valuelist)
>>> ['Xiao Ming', 'math', 100, 'excellent', 'Xiao Hong', 'math', 57, 'bad']
```

缩短长度的方法是删除列表中已有的数据，具体方法是 remove (数据)。当列表中存在两个或多个符合要求的数据时，则默认删除表中首个符合要求的数据。例如：

```
valuelist = ["Xiao Ming","math", 100]
# 删除 valuelist 变量中数据值为 100 的数据
valuelist. remove (100)
print (valuelist)
>>> ['Xiao Ming', 'math']
# 当列表中存在两个相同的目标数据时，remove () 方法将删除首个目标数据
valuelist = ["Xiao Ming", 100, 99, 100]
valuelist. remove (100)
print (valuelist)
>>> ['Xiao Ming', 99, 100]
```

使用 pop (index) 方法可删除索引值为 index 处的数据。若方法括号中的参数为空，则默认删除索引值最大的数据。例如：

```
valuelist = ["Xiao Ming","math", 100]
valuelist. pop（2）          ♯ 删除 valuelist 变量中索引值为 2 的数据
print（valuelist）
>>> ['Xiao Ming', 'math']
valuelist = ["Xiao Ming","math", 100]
valuelist. pop（）          ♯ 删除 valuelist 变量中索引值最大的数据
print（valuelist）
>>> ['Xiao Ming', 'math']
```

改变已有列表中的数据可通过索引值进行赋值操作实现。使用单个索引值时，可改变列表中的单个数据值；使用索引范围可改变列表中的多个数据值。例如：

```
valuelist = ["Xiao Ming","math", 100]
valuelist[0] = "Xiao Hong"   ♯ 将索引值为 0 的数据修改为 "Xiao Hong"
print（valuelist）
>>> ['Xiao Hong', 'math', 100]
valuelist = ["Xiao Ming","math", 100]
♯ 将 valuelist 变量的前两个数据修改为 "Xiao Hong" "english"
valuelist[0：2] = ["Xiao Hong","english"]
print（valuelist）
>>> ['Xiao Hong', 'english', 100]
```

此外，列表可以嵌套列表，嵌套列表中的数据也可以直接索引。例如：

```
valuelist = [["Ming","math", 100], ["Hong","eng", 98]]
print（valuelist）
>>> [['Ming', 'math', 100], ['Hong', 'eng', 98]]
print（valuelist[0]）
>>> ['Ming', 'math', 100]
print（valuelist[0][0]）
>>> Ming
print（valuelist[1][2]）
>>> 98
```

4. 元组

在对列表的介绍中，可以发现列表是支持动态更新的数据集合，其中的数据可以增加、删除和更改。当不需要改动列表中的数据时，继续使用列表存储这些数据就变得有风险、易出错。这时，元组便是良好的替代。元组是静态的列表，能够将数据固定存储其中、防止数据被更改。下面将详细介绍这种数据类型。

将元组型数据赋予变量的表达方式为"变量名称 =（数据 1，数据 2，数据 3，…）"。元组与列表的赋值方式类似，但元组中将方括号更改为圆括号以示区分。

元组中数据的访问方式与列表相同，均为通过索引访问。例如：

```
valuelist = ("Xiao Ming","math"，100)    # 创建变量 valuelist 并用于存储元组型数据
# 读取 valuelist 元组中索引值为 1 的字符，并打印显示
print (valuelist[1])
>>> math
```

元组中的数据是静态的，即一个元组被创建后，无法增加或缩短长度，也无法更改已有数据。若将更改列表中数据的方法同样应用于元组，则会发现程序报错。例如：

```
valuelist = ("Xiao Ming","math"，100)
valuelist. pop (2)                # 删除 valuelist 元组中索引值为 2 的数据
print (valuelist)
>>> AttributeError：'tuple' object has no attribute 'pop'  # 元组无法使用 pop() 方法
valuelist[0] = "Xiao Hong"    # 将 valuelist 元组的第一个数据修改为 "Xiao Hong"
print (valuelist)
>>> TypeError：'tuple' object does not support item assignment
```

5. 字典

假设如下的应用场景：为一名大学应届毕业生创建一种特定类型的数据，用于存储该生大学四年中的各科成绩。在该数据中，每门课程没有先后顺序，但要求该数据能够支持指定课程名称、返回课程分数的操作。在这样的应用场景中，基于索引机制的列表和元组显然已不符合需求，适合该场景的数据类型为字典。

字典是数据的无序集合。将字典型数据赋予变量的表达方式为一系列的键-值(key-value)组合，即"变量名称 = {键1：值1，键2：值2，…}"。字典中数据的位置通过"键"来确定，"值"为与这个键相关联的数据值。不同键-值组合的前后顺序可以改变。

```
menu = {'XiaoA': 100, 'XiaoB': 98}    # 创建字典
```

读取字典中的值可借助键名实现。具体方法为"变量名称[键名]"。

```
print (menu['XiaoB'])         # 访问字典中键 'XiaoB' 对应的值
>>> 98
```

使用 keys () 方法和 values () 方法可以遍历字典并分别返回字典中的所有键、所有值。

```
menu = {'name'：'Xiao Ming'，'score'：100}
keys = menu. keys()                # 将字典 menu 中的所有键赋予 keys 变量
print (keys)
>>> dict _ keys (['name', 'score'])
values = menu. values ()               # 将字典 menu 中的所有值赋予 values 变量
print (values)
>>> dict _ values (['Xiao Ming', 100])
```

字典被创建后，可以增加新数据、删除数据、修改已有数据。

增加新数据的方法有两种。第一种方法为直接为新键赋值，格式为"变量名称[键]=值"。

```
menu = {'name': 'Xiao Ming', 'score': 100}
menu['subject'] = 'math'    # 为字典 menu 增加一对键-值组合 'subject'：'math'
print（menu）
>>>{'name': 'Xiao Ming'，'score': 100，'subject': 'math'}
```

第二种方法为使用 update（）方法合并多个字典。

```
add = {'subject': 'math', 'score': 100}        # 创建字典，对应变量名为 add
menu = {'name': 'Xiao Ming'}                    # 创建字典，对应变量名为 menu
menu. update（add）                             # 将 add 中的键-值更新到 menu 之后
print（menu）
>>>{'name': 'Xiao Ming'，'subject': 'math'，'score': 100}
```

删除字典中的键-值组合可采用 del 关键字、pop（）方法、clear（）方法。其中，del 是 Python 中的内置关键字（其他关键字如 import、return），可以删除字典中的指定键-值。del 的用法为"del［变量名称［键名］］"。

```
menu = {'name': 'Xiao Ming', 'subject': 'math', 'score': 100}
del［menu['subject']］       # 删除字典 menu 中的 'subject' 键所对应的键-值组合
print（menu）
>>> {'name': 'Xiao Ming'，'score': 100}
```

pop（）方法亦可实现相同的目的，用法为"变量名称. pop（键名）"。

```
menu. pop（'subject'）        # 使用 pop（）方法删除字典 menu 中的 'subject'：'math'
print（menu）
>>> {'name': 'Xiao Ming'，'score'：100}
```

clear（）方法用于删除字典中的所有键-值组合，即清空字典中的内容，用法为"变量名称. clear（）"，删除所有键-值组合后字典为空。

```
menu. clear（）        # 使用 clear（）方法删除字典 menu 中的所有键-值组合
print（menu）
>>> {}
```

字典中的键和值均可以更新。对值的更新只需根据键名重新赋值即可，用法为"变量名称［键］= 更新的值"。

```
menu = {'name': 'Xiao Ming', 'subject': 'math', 'score': 100}
menu['score'] = 80        # 更新 'score' 键的值
print（menu）
>>> {'name': 'Xiao Ming'，'subject': 'math'，'score': 80}
```

键无法像值一样简单地更新，但可以采用相对间接的方法。首先，借助 pop（）方法将键所对应的值提取出来，方法为"值 = 变量名称. pop（键名）"；其次，在字典中添加新的键名，并将该值与新键名绑定，方法为"变量名称［新键名］= 值"。

```
menu = {'name': 'Xiao Ming', 'subject': 'math', 'score': 100}
values = menu.pop('score')      # 将保留的值使用 pop() 方法赋予 values 变量
menu['score2'] = values         # 将 values 变量中的值对应于新键名
print(menu)
>>> {'name': 'Xiao Ming', 'subject': 'math', 'score2': 100}
```

字典的其他常见操作包括统计字典中的键-值组合个数、确定某一指定键是否存在等。统计字典中键-值组合的个数可以使用 len() 函数，具体用法为"len(变量名称)"。

```
menu = {'name': 'Xiao Ming', 'subject': 'math', 'score': 100}
print(len(menu))                # 统计字典 menu 中键-值组合的个数，并打印显示
>>> 3
```

确定某一指定键是否存在的方法是"指定键名 in 变量名称"，返回值为 True(此处表示存在)或 False(不存在)。

```
menu = {'name': 'Xiao Ming', 'subject': 'math', 'score': 100}
print('name' in menu)           # 判断字典 menu 中是否存在键 'name'
>>> True
```

1.2.4　扩展：对象的属性查询和对象比较

在 Python 中，对象的 3 个组成部分可使用相应方法查询并显示。

通过 id() 函数可查看变量所指向对象的标识。例如：

```
pi = 3.14
print(id(pi))                   # 查询并打印变量 pi 所指向对象的标识
>>> 2632062769168
```

通过 type() 函数可以查看变量所指向对象的数据类型。例如：

```
answer = False
print(type(answer))             # 查询并打印变量 answer 所指向对象的数据类型
>>> <class 'bool'>
```

通过变量名可以得到变量所指向对象的值。例如：

```
pi = 3.14
print(pi)                       # 查询并打印变量 pi 所指向对象的值
>>> 3.14
answer = False
print(answer)                   # 查询并打印变量 answer 所指向对象的值
>>> False
```

变量只是对象的"标签"，可否通过变量名来比较两个对象呢？答案是可以的，可以通过"is"或者"=="操作符实现。其中，"is"操作符可以用于判断不同的变量所指向的对象是否相同，即判断两个变量是否指向相同的对象。

```
a = 1
b = 1
print (a is b)          # 判断变量a和b所指向的对象是否相同
>>> True                # 变量a和b指向相同的对象
a = 1
b = 2
print (a is b)
>>> False               # 变量a和b指向不同的对象
```

使用"＝＝"操作符，可以判断不同的变量所指向的对象是否具有相同的值。

```
a = 1
b = 1
print (a == b)          # 判断变量a和b所指向的对象是否具有相同的值
>>> True                # 变量a和b所指向的对象具有相同的值
a = 1
b = 2
print (a == b)          # 判断变量a和b所指向的对象是否具有相同的值
>>> False               # 变量a和b所指向的对象具有不同的值
```

1.2.5 扩展：变量赋值背后对象的变化

在 1.2.1 节中提到，当对象中值的类型为数字、字符串或元组时，此时的对象为不可变对象。当对象中值的类型为列表或字典时，此时的对象为可变对象。

当用户对变量赋值时，如果值是数字、字符串或元组不可变类型，程序会根据"值"搜索匹配内存中已有对象，搜索匹配有以下两种情况。

(1)若搜索匹配失败，则程序会自动地根据"值"创建拥有对应数据类型的对象，并将"值"存储到创建的对象中。当值的数据类型是数字、字符串或元组时，创建的对象是不可变对象；当值的数据类型是列表或字典时，创建的对象是可变对象。最后，程序给创建的对象"贴"上变量"标签"，即建立变量名和对象之间的对应关系(指向关系)，方便以后通过变量名读取该对象的值。

(2)若搜索匹配成功，即内存中存在拥有相同"值"的对象，则直接将变量"标签"(变量名)"贴"在已经存在的对象上。

为使用代码演示上述各种情况，应首先对每种情况进行编号，根据首次对变量赋值时值的类型和搜索匹配是否成功，可分为 6 种不同的情况，如表 1-2 所示。

表 1-2　对变量首次赋值时的部分情况

搜索匹配结果	数字	字符串	元组
搜索匹配失败	情况 1	情况 2	情况 3
搜索匹配成功	情况 4	情况 5	情况 6

首先，使用代码演示情况 1 和情况 4。在下列代码和执行结果中，可以看到虽然把数字 1 分别赋值给变量 a 和 b，但两个不同的变量却指向了相同的对象。

```
a = 1
print (id (a))
>>> 2435803146544            # 情况 1
b = 1
print (id (b))
>>> 2435803146544            # 情况 4
```

其次，使用代码演示情况 2 和情况 5。在下列代码和执行结果中，可以看到虽然把字符串"name"分别赋值给变量 a 和 b，但两个不同的变量却指向了相同的对象。

```
a = "name"
print (id (a))
>>> 2435803349296            # 情况 2
b = "name"
print (id (b))
>>> 2435803349296            # 情况 5
```

最后，使用代码演示情况 3 和情况 6。在下列代码和执行结果中，可以看到虽然把元组（1，2，3）分别赋值给变量 a 和 b，但两个不同的变量却指向了相同的对象。

```
a = (1, 2, 3)
print (id (a))
>>> 2435961040704            # 情况 3
b = (1, 2, 3)
print (id (b))
>>> 2435961040704            # 情况 6
```

当用户首次对变量赋值时，如果值是列表或字典可变类型，无论内存中是否存在拥有相同"值"的对象，都会根据"值"创建新的对象。然后，程序会给创建的对象"贴"上变量"标签"，方便以后通过变量名读取该对象的值。

为使用代码演示上述各种情况，需对每种情况进行编号，根据首次对变量赋值时值的类型和搜索匹配是否成功，可分为 4 种不同的情况，如表 1-3 所示。

表 1-3　首次赋值时可变类型的代码示例列表

搜索匹配结果	列表	字典
搜索匹配失败	情况 7	情况 8
搜索匹配成功	情况 9	情况 10

以下为情况 7 和情况 9 的演示代码和执行结果，可以看到这里和情况 1 与情况 4 或者情况 2 与情况 5、情况 3 与情况 6 不同。具体而言，在下面的情况 7 和情况 9 中，用户把列表 [1，2，3] 分别赋值给变量 a 和 b 后，两个变量指向的对象是不同的。

```
a = [1，2，3]
print (id (a))
>>> 2435980793664          # 情况 7
b = [1，2，3]
print (id (b))
>>> 2435980794048          # 情况 9
```

使用代码演示情况 8 和情况 10。从执行结果可以看到，在用户把相同的字典赋值给不同的变量后，不同的变量指向的对象也是不同的。

```
a = {'xiaoA'：100，'xiaoB'：98}
print (id (a))
>>> 2435953211392          # 情况 8
b = {'xiaoA'：100，'xiaoB'：98}
print (id (b))
>>> 2435961344512          # 情况 10
```

1.3　语句和注释

1.3.1　基本语句及其注释和缩进

Python 的基本语句是构建一段完整程序的基础，在前面的内容中已经详细展示了一些基本语句的书写，如变量的命名与赋值等。在 Python 语句中存在一些约定俗成的规则，以便更高效、准确地阅读、运行代码。例如，在代码的特定位置书写注释，在复杂语句中使用缩进区分不同的代码块。本节将介绍 Python 中注释与缩进的方式与规则。

1. 注释

在代码的特定位置书写注释，有助于读者快速理解程序的书写目的和功能。通常情况下，在一段程序的开头需要注释程序名称、作者和用途梗概，在程序的重要部分（如重点使用的变量定义、完成核心功能的函数等）需要书写解释代码含义或功能的注释。

Python 的注释有两种表达形式。单行注释采用"♯"或"♯♯"表示，多行注释采用三个单引号('''）或三个双引号("""）表示。单行注释的注释范围从"♯"或"♯♯"符号后到回车键之前，可以占用程序的一整行，也可以标注在一段代码的尾部，如图 1-5、图 1-6 所示；多行注释的注释范围为三个单引号或三个双引号之间的部分，如图 1-7、图 1-8 所示。注释的部分不会影响代码的运行。在编辑器中，注释的内容通常以不同于代码的颜色表达。

```
7   add = {'subject':'math','score':100}# 定义字典add
8   menu = {'name':'Xiao Ming'}          # 定义字典menu
9   menu.update(add)                     # 将add中的键-值更新到menu之后
10  print(menu)
```

图 1-5　单行注释(♯)示例

```
7    add = {'subject':'math','score':100}## 定义字典add
8    menu = {'name':'Xiao Ming'}              ## 定义字典menu
9    ## 将add中的键-值更新到menu之后 ← 注释单独占一行
10   menu.update(add)
11   print(menu)
```

图 1-6　单行注释(♯♯)示例

```
1   """
2   title:ReadRaster
3   @author: XYR
4   Created on Thu Apr  7 19:38:23 2022
5   """
```

图 1-7　多行注释(""")示例

```
1   '''
2   title:AddDictionary
3   @author: XYR
4   Created on Fri Apr  8 09:38:57 2022
5   '''
```

图 1-8　多行注释(''')示例

2. 缩进

缩进能够提高代码的可读性，并能帮助 Python 编辑器创建和识别代码块。代码块是指执行一段程序的一个单元，它可以是一个函数、一行代码、一个脚本文件。对于一个复杂语句，使用缩进可以创建代码块，每个代码块中的缩进级别是相同的。相应的，当前后两行代码的缩进级别不同时，Python 编辑器认为其位于不同的代码块。当本应在同一个代码块中的代码出现不同级别的缩进时，Python 编辑器会报错。例如：

```
# 对于一个条件语句，语句首行的冒号之后属于一个代码块，采用相同的缩进等级
flag = False
score = '99'
if score == '100':            # 判断成绩是否为满分
    flag = True               # 条件成立时 flag 为真
    print（'满分'）            # 打印展示"满分"
else:
    print（score）            # 条件不成立时输出成绩
>>> 99
# 当一个代码块内的缩进等级出现差异，程序报错
flag = False
score = '99'
if score == '100':
flag = True                   # 缩进等级与下一行代码不同
    print（'满分'）
else:
    print（score）
# 缩进级别不匹配
>>> IndentationError：unindent does not match any outer indentation level
```

1.3.2 常见语句类型

Python 中常见的语句类型包括条件语句、循环语句、try 语句。下面将详细介绍这几种类型。

1. 条件语句

条件语句能够通过给定条件语句的判断结果（满足或不满足条件），决定不同结果下执行何种代码块。其中，满足条件语句的判断结果为 True，不满足条件语句的判断结果为 False。if 语句通常使用 if、elif、else 表示分支的判断。条件语句中的一般形式为：

```
if 条件 1:
    代码块 1      # 如果条件 1 为 True，则执行代码块 1
elif 条件 2:     # 如何条件 1 为 False，则判断条件 2
    代码块 2      # 如果条件 2 为 True，则执行代码块 2
else:
    代码块 3      # 如果条件 2 为 False，则执行代码块 3
```

注意，与 C、C++语言使用大括号标识代码块的方式不同，Python 会根据缩进自动识别代码块的边界，无须使用括号间隔不同的代码块。正因如此，Python 要求同一代码块中的代码采用相同级别的缩进。在条件语句中，进入一个新代码块的标识为英

文输入法状态下的"冒号"，冒号之后、下个条件语句之前的代码行应缩进到相同级别。

条件语句的代码示例在上一节缩进的介绍中已展示，在此不赘述。

2. 循环语句

循环语句能够实现代码块的重复执行。常见的循环语句有 while 和 for 循环。

(1)未指定循环次数的循环语句 while。

当条件判断语句的执行结果为 True，循环语句内的代码块将重复执行，直到条件判断语句的执行结果为 False，跳出循环，执行后续代码。while 循环语句的一般形式为：

```
while 条件：
    代码块
```

while 循环语句的代码示例如下：

```
x = 1            ♯ 定义 x 变量并赋予初始值 1
while x < 5：     ♯ 是否满足条件 x < 5
    x += 1       ♯ 如果满足，则使 x = x + 1
print（x）        ♯ 当 x 不满足条件 x < 5 时，打印显示当前的 x 值
>>> 5
```

(2)指定循环次数的循环语句 for。

for 循环的工作原理为：首先指定循环变量和序列（如字符串、列表等），然后使序列中每个对象依次赋值给循环变量，每次赋值后都执行相同的代码块（循环变量可参与其中）。循环次数等于序列中的对象个数。for 循环语句的一般形式为：

```
for 循环变量 in 序列：
    代码块
```

for 循环语句的代码示例如下：

```
sum = 0              ♯ 定义 sum 变量并赋予初始值 0
for i in range（11）：  ♯ 循环变量 i 遍历一个从 1 至 10 的序列
    sum += i         ♯ 令 sum = sum + i，即累加每一个 i
♯ 当 i 从 1 遍历至 10 后，打印并显示当前 sum 值，即 1 到 10 的累加值
print（sum）
>>> 55
```

在 for 循环的过程中，可以使用 break 语句、continue 语句提前结束或中断循环，break 语句、continue 语句均需搭配条件语句使用。

①break 语句直接跳出当前的循环代码块，即提前结束 for 循环，执行后续代码，break 语句流程示意图如图 1-9 所示。

②continue 语句跳回循环语句的开端（即中断本次循环，提前进入下次循环），继续执行循环代码块，continue 语句流程示意图如图 1-10 所示。

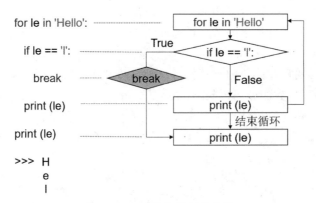

图 1-9 break 语句流程示意图

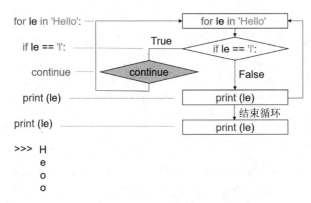

图 1-10 continue 语句流程示意图

3. try 语句

try 语句能够处理程序中的异常错误，是一种保护程序的方法。try 语句处理异常错误的方法通常为显示错误信息或中断程序运行。

try 语句有两种表达形式。第一种使用 try、except、else 表示对分支的判断。与条件语句的形式类似，在执行 try 语句时，若其对应的代码块中出现异常错误，程序则会执行 except 对应的代码块；如果代码未出现异常错误，则在执行完 try 对应的代码块后，跳过 except 对应的代码块，直接执行 else 对应的代码块。第一种 try 语句的表达形式为：

```
try:
  代码块 1
except:
  代码块 2      ＃ 当代码块 1 出现异常错误，则直接执行代码块 2
else:
  代码块 3      ＃ 当代码块 1 未出现异常错误，执行完成代码块 1 后直接执行代码块 3
```

第二种使用 try、except、finally 表示对分支的判断。此时，无论代码是否出现异常错误，位于 finally 代码块中的代码都将被执行。第二种 try 语句的表达形式为：

```
try:
    代码块 1
except:
    代码块 2        # 当代码块 1 出现异常错误，中断执行代码块 1，改为执行代码块 2
finally:
    代码块 3        # 无论代码块 1 是否出现异常错误，均执行代码块 3
```

代码示例如下：

```
try:
    testfile = open ("testfile")    # 打开一个测试文件，用于测试文件异常
except IOError:                     # IOError 是一个异常错误，表示打开或关闭操作失败
    print ("Error：文件读取失败")
else:
    print ("内容写入文件成功")
    testfile. close ()
```

1.4 函数及其内置类型

1.4.1 函数的概念及其使用

在使用 Python 进行应用操作时，不免有许多常用功能在不同的程序中被反复使用。为了提高代码的重复利用能力和编译效率，Python 将这些常用功能封装成"函数"。

函数是指一组封装好的代码块，用于实现特定功能。Python 提供了许多常用的内置函数，如 open ()、print () 等。除此之外，用户还可以创建自定义函数，满足自身所需功能的重复使用或提高代码的模块性。下面将详细介绍如何在 Python 中使用函数。

1. 创建自定义函数

自定义函数时使用 def 关键字，需要明确自定义函数的四大要素，分别是函数名称、参数(传入参数)、功能代码块、返回值，建议要素为函数说明。其代码格式为：

```
def 函数名称 (参数):
    "函数说明"
    "功能代码块"
    return [表达式]
```

(1)自定义函数的首行代码格式为"def 函数名称(参数)："，此处参数的作用是从函数外部向函数内部传入数据。

(2)首行代码之后为功能代码块，应缩进。同时，建议在代码块的首行，以字符串的形式对函数的功能进行说明。

(3)功能代码块结束的标志为"return [表达式]"，用于返回值给调用对象。其中

"[表达式]"为可选项，若不使用，则返回 None(空值)。

代码示例如下：

```
def printout (int):
    "打印并展示传入的数字值"
    print (int)
    return
```

2. 函数的调用

函数的调用是执行函数。执行方式为直接书写函数名称，并按照要求的格式传入参数。以上文中的自定义函数 printout() 为例，在调用时将参数设置为数字 100。

```
# 调用函数 printout ()
printout (100)                  # 打印显示数字 100
>>> 100
```

函数可以嵌套调用，即一个函数的输出可作为另一个函数的输入，例如：

```
def function1 (int):            # 定义函数 function1 ()
    "传入数字值"
    Return (int)                # 返回数字值
def function2 (func):           # 定义函数 function2 ()
    "打印并展示 func"
    print (func)                # 打印并展示参数 func
    return
function2 (function1(100))      # 通过函数 function2 () 调用函数 function1 ()
>>>100                          # 输出结果为传入 function1 中的数字 100
```

3. 参数的传递：可变和不可变对象

参数本质是变量，根据变量所指向对象是否可变，可将参数传递分为传递不可变对象和传递可变对象。部分资料中借用 C++ 等编程语言中的术语，分别将传递不可变对象和传递可变对象称为"值传递"和"引用传递"。当参数传递的是不可变对象时，实际上是将不可变对象中存储的值复制入了函数。此后，函数内部对参数的修改仅在函数内部有效(因为只是对原"不可变对象"的值的副本进行修改，并不会修改原"不可变对象")。代码示例如下：

```
def checkTrans (a):            # 定义 checkTrans () 函数
    a = a * 3                  # 修改传入参数的值(扩大为原来的 3 倍)
    print (a)                  # 查询并打印传入参数 a 的值
    return
b = 2                          # 将"2"赋值给变量 b
print (b)                      # 查询并打印变量 b 的值
>>> 2
checkTrans (b)                 # 将 b 作为参数传入函数
```

```
# 函数在运行过程中将输出传入参数 b 的值，结果显示不再是 2 而是 6
>>> 6
# 函数运行完成后输出 b，发现结果仍然是 2，没有被修改
print（b）
>>> 2
```

　　而当参数传递的是可变对象时，实际上传递的是"可变对象"本身。此后，函数内部对参数的修改，不仅在函数内部有效，在函数运行完毕后依然有效（因为在函数内部修改的就是"可变对象"本身）。代码示例如下：

```
def checkTrans（a）:        # 定义 checkTrans() 函数，传入参数需是列表
    a. append（4）            # 向传入参数中增添数字"4"
    print（a）
    return
b = [1, 2, 3]             # 将列表 [1, 2, 3] 赋值给变量 b
print（b）
>>> [1, 2, 3]
checkTrans（b）             # 将 b 作为参数传入函数
# 函数在运行过程中将输出传入参数 b 的值，结果显示已成功添加数字"4"
>>> [1, 2, 3, 4]
# 函数运行完成后输出 b，发现函数内部对列表的修改依然有效
print（b）
>>> [1, 2, 3, 4]
```

4. 参数的传递：参数类型

　　调用函数时允许使用的参数类型包括必备参数、关键字参数、默认参数和不定长参数。下面将详细介绍这几种类型的概念和用法。

　　（1）必备参数。

　　必备参数是指顺序和数量与定义函数时完全对应的参数。例如，上文代码示例中所创建的 printout() 函数，在调用时必须传入且仅传入一个参数，无参数传入或传入多个参数均无法成功调用该函数。

```
printout（1, 2）
>>> TypeError：printout() takes 1 positional argument but 2 were given  # 数量不一致
printout（）
>>> TypeError：printout() missing 1 required positional argument：'int'   # 缺少参数
```

　　（2）关键字参数。

　　关键字参数是指数量与定义函数时相同、顺序可以不同的参数，顺序可不同的原因是关键字参数可通过参数名称而非顺序对应参数值。这类参数传入函数时（或使用"关键字参数"的方式向函数传入参数时），必须指定正确的"关键字"（即函数定义时使用的参数名）和对应的值。代码示例如下：

```
def printvalue (a, b)：
    "输出传入的数字值"
    print (a, b)
    return
printvalue (b = 2, a = 1)    # 传入参数的顺序与函数定义时相反
>>> 1 2                      # 输出的顺序依然是先 a 后 b
```

（3）默认参数。

默认参数是指在参数未被用户传入函数时，则使用默认设置。代码示例如下：

```
def xprint (a, b=1)：         # 参数 b 默认为 1
    "输出传入的数字值"
    print (a, b)
    return
xprint (a = 2)                # 当未传入参数 b 时，默认 b 的值为 1
>>> 2 1
```

（4）不定长参数。

不定长参数的使用情景是，在定义函数中不明确地指定参数的个数，但在调用函数时可以根据需要输入不同个数的参数。这种情况下，在定义函数时需要在参数前标记星号（＊）。代码示例如下：

```
def xxprint (＊a)：
    "打印并展示传入的多个参数"
    for i in a：
        print (i)                # 打印并显示传入不定长参数 a 的所有参数
    return
xxprint (1,"name", [1, 2, 3]) # 传入多个不同类型的参数
>>> 1
name
[1, 2, 3]
```

5. 特殊的函数类型：匿名函数

匿名函数是一种更加简洁、内容有限的函数。区别于一般的函数，匿名函数在定义时使用 lambda 替代 def，主体为仅占一行代码的表达式而非多行代码块。匿名函数的格式为"匿名函数名称 ＝ lambda 参数：表达式"。代码示例如下：

```
# 实现求和功能的匿名函数 sumvalue
sumvalue ＝ lambda a, b：a＋b
print (sumvalue (1, 2))
>>> 3
```

6. return 语句

return 语句标志着一个函数的结束，用于在一个函数执行结束时返回指定的表达式的运算结果或参数的值。特殊情况下，return 后也可不填写内容，此时函数返回 None(空值)。Python 中 return 后的括号可写亦可不写。代码示例如下：

```
def sum (a, b):          # 定义求和函数 sum ()
    total = a + b
    return (total)       # sum 函数返回 total 的值
x = sum (1, 2)           # 调用 sum()函数，计算 1＋2 的和
print (x)                # x 被赋予 sum()函数的返回值，即 total 的值
>>> 3
```

7. 函数内部的变量：局部变量

根据变量在程序中的作用域，即可以访问变量的权限，将变量分为局部变量和全局变量。局部变量是定义在函数内的变量，具有局部作用域，即只能在该函数的内部使用；全局变量是定义在函数外的变量，具有全局作用域，即程序任何位置均可使用全局变量。但是注意，局部变量和全局变量可以具有相同的变量名。当同时存在变量名相同的局部变量和全局变量时，在局部变量的作用域内全局变量无效。代码示例如下：

```
total = 100                        # 定义全局变量 total，并赋予 100
def sum (a, b):
    total = a + b                  # 定义局部变量 total，并赋予 a 与 b 的和
    return (total)
x = sum (1, 2)                     # 将局部变量 total 的值赋予 x
print ("局部变量 total 的值为", x)   # 输出 x，即局部变量 total 的值
print ("全局变量 total 的值为", total) # 打印并输出全局变量 total 的值
>>>局部变量 total 的值为 3
全局变量 total 的值为 100
```

1.4.2　Python 常见内置函数

本节将介绍 Python 常见的内置函数，认识它们的功能、语法格式、输入参数和返回值，并展示具体的应用示例。

1. open ( ) 函数

open ( ) 函数用于打开文件。open ( ) 函数的调用格式为：

```
open (filename, mode = 'r')
```

open ( ) 函数的输入和输出如表 1-4 所示。

表 1-4　open（）函数的输入和输出

参数	含义	返回
filename	包含文件路径和文件名的字符串	用户指定文件 filename 的句柄（handle，通过文件的句柄可以操作文件）
mode	文件打开模式，常见选项如表 1-5 所示，默认值为"r"模式	

表 1-5　常见的文件打开模式

模式	描述
r	以只读模式打开文件，并读取其中的文本信息
x	以写入模式创建文件，该模式实际是在指定路径使用指定文件名新建文件
w	以写入模式打开文件。如果该文件已存在则打开文件，并从开头开始编辑，即原有内容会被删除。如果该文件不存在，创建新文件

open（）函数的代码示例如下。注意，Python 中通常在表示文件路径的字符串前添加字母"r"，作用是防止字符串中的斜杠被转义，即被程序理解成别的含义。

```
# 打开文件 D：\ x \ Python _ test \ test. txt
f = open（r"D：\ x \ Python _ test \ test. txt"）
```

2. sum（）函数

sum（）函数用于数字求和。sum（）函数的调用格式为：

```
sum（iterable）
```

sum（）函数的输入和输出如表 1-6 所示。

表 1-6　sum（）函数的输入和输出

参数	含义	返回
iterable	通常为由数字组成的列表（或元组）	列表（或元组）中数字之和

代码示例如下：

```
print（sum（[0，1，2]））    # 计算列表中所有数字的和并打印显示
>>> 3
print（sum（（0，1，2）））    # 计算元组中所有数字的和并打印显示
>>> 3
```

3. pow（）函数

pow（）函数用于计算并返回 x^y 的值。pow（）函数的调用格式为：

```
pow（x，y）
```

代码示例如下：

```
print（pow（2，3））    # 计算 $2^3$ 的值并打印显示
>>> 8
```

4. list（）函数

list（）函数用于将元组转换为列表，调用格式为：

```
list（tuple）
```

代码示例如下：

```
a ＝（1，2，3）
b ＝ list（a）
print（b）
＞＞＞［1，2，3］
```

5. range（）函数

range（）函数用于生成一组等差数列，返回值类型为列表，调用格式为：

```
range（start ＝ 0，stop，step ＝ 1）
```

range（）函数的输入和输出如表 1-7 所示。

表 1-7　range（）函数的输入和输出

参数	含义	返回
start	等差数列的起始数字，默认值为 0	
stop	等差数列的最大值（不包含）	等差数列的列表
step	等差数列的步长，默认值为 1	

代码示例如下：

```
for i in range（10）：
    print(i, end ＝ "")#变量 i 读取列表中的数字并打印显示，end＝""用于横向打印
＞＞＞ 0123456789
for i in range（0，10）：
    print（i，end ＝ ""）
＞＞＞ 0123456789
for i in range（0，10，2）：
    print（i，end ＝ ""）
＞＞＞ 02468
```

6. len（）函数

len（）函数用于返回字符串、列表或元组的长度，调用格式为：

```
len（a）
```

代码示例如下：

```
str ＝ "hello!"
print（len（str））　　　#计算 str 变量所对应的字符串长度，并打印显示
＞＞＞ 6
```

7. round ()函数

round () 函数用于计算并返回浮点型数字四舍五入后的数值。round () 函数的调用格式为：

round (x，a = 0)

round () 函数的输入和输出如表 1-8 所示。

表 1-8　round () 函数的输入和输出

参数	含义	返回
x	浮点型数字	四舍五入后的数值
a	指定的小数位数，可省略，默认值为 0(即四舍五入至整数)	

代码示例如下：

```
print (round (3.1415926))
>>> 3
print(round (3.1415926，2))
>>> 3.14
```

8. abs ()函数

abs () 函数用于返回数字的绝对值。abs () 函数的调用格式为：

abs (x)

代码示例如下：

```
print (abs (-1))
>>> 1
```

9. max ()函数

max () 函数用于返回一系列数字中的最大值。max () 函数的调用格式为：

max (x)

max () 函数的输入和输出如表 1-9 所示。

表 1-9　max () 函数的输入和输出

参数	含义	返回
x	一系列数字(或由数字组成的列表、由数字组成的元组)	x 中的最大值

代码示例如下：

```
print (max (1，2，3))
>>> 3
print (max ([1，2，3]))
>>> 3
```

```
print(max((1, 2, 3)))
>>> 3
```

10. min()函数

min()函数用于返回一系列数字中的最小值。min()函数的调用格式为：

```
min(x)
```

min()函数的输入和输出如表 1-10 所示。

表 1-10　min()函数的输入和输出

参数	含义	返回
x	一系列数字(或由数字组成的列表、由数字组成的元组)	x 中的最小值

代码示例如下：

```
print(min(1, 2, 3))
>>> 1
print(min([1, 2, 3]))
>>> 1
print(min((1, 2, 3)))
>>> 1
```

11. float()函数

float()函数用于将整数和字符串转换为浮点数，并返回浮点数值。其中，字符串中的字符需要是数字才可转换。float()函数的调用格式为：

```
float(x)
```

float()函数的输入和输出如表 1-11 所示。

表 1-11　float()函数的输入和输出

参数	含义	返回
x	整数或字符为数字的字符串	浮点数

代码示例如下：

```
print(float('13483232'))    # 将字符串转换为浮点数
>>> 13483232.0
```

12. int()函数

int()函数用于将浮点型数字和字符串转换为整数。注意，该函数将浮点型数字转换为整型数值时，不会四舍五入，而是会直接将小数部分舍弃；字符串中的字符需要是整数才可转换。int()函数的调用格式为：

```
int(x)
```

代码示例如下：

```
print (int (2.4394))
>>> 2
print (int (2.5394))
>>> 2
print (int (2.6394))
>>> 2
print (int (2.9394))
>>> 2
print (int ('2.9394'))
>>> ValueError: invalid literal for int() with base 10: '2.4394'
```

13. str () 函数

str () 函数用于将非字符串转换为字符串。str () 函数的调用格式为：

```
str (x)
```

代码示例如下：

```
a = 1
print (type (a))
b = str(a)              # 变量 a 中的数字转换为字符串并赋予变量 b
print (type (b))
>>> <class 'int'>       # 变量 a 的数据值类型是整数
<class 'str'>           # 变量 b 的数据值类型转换为字符串
```

14. eval () 函数

当一个字符串中存在数学表达式时，eval () 函数可执行字符串中的数学表达式，并返回计算结果。eval () 函数的调用格式为：

```
eval (expression)
```

其中 expression 是字符串形式的数学表达式。代码示例如下：

```
print (eval ("2 * 3"))        # 可直接书写数学表达式
>>> 6
a = 2
b = 3
print (eval ("a * b"))        # 亦可通过变量表示
>>> 6
a = 2
b = 3
print (eval ("pow (a, b)"))   # 亦可使用其他数学函数
>>> 8
```

15. print () 函数

print () 函数是 Python 最常用的函数之一，用于打印显示。print () 函数的调用格

式为：

```
print (objects，sep = ' '，end = '\n')
```

print（）函数的输入和输出如表 1-12 所示。

表 1-12　print（）函数的输入和输出

参数	含义	返回
objects	输出的对象，输出多个时需要使用逗号","分隔	无
sep	输出多个对象时用于间隔相邻对象的符号，默认值为空格	
end	打印内容的结尾格式，默认值为换行符"\n"	

代码示例如下：

```
print ("www"，"bnu"，"edu"，"cn"，sep=".")
>>> www. bnu. edu. cn
```

16. format（）函数

format（）函数通常在 print（）函数中使用，与"{}"配合，用于指定输出位置，调用格式为：

```
{}. format (x)
```

代码示例如下：

```
# 单个参数值输出
print ("my name is {}". format ("xiaoMing"))
>>> my name is xiaoMing
# 多个参数值，按照默认顺序输出
print ("name：{}，score：{}". format ("xiaoMing"，"98"))
>>> name：xiaoMing，score：98
# 多个参数值，按照指定顺序输出
print ("{2}. name：{0}，score：{1}". format ("xiaoMing"，"98"，"No.1"))
>>> No.1. name：xiaoMing，score：98
# 多个参数，根据参数名称输出参数值
print ("name：{name}，score：{score}". format (name = "xiaoMing"，score = "98"))
>>> name：xiaoMing，score：98
```

17. reverse（）函数

reverse（）函数用于将列表中的元素反向排序。reverse（）函数的调用格式为：

```
list. reverse ()
```

其中，list 是指向列表的变量名称。代码示例如下：

```
valuelist = ["Xiao Ming"，"math"，100]
valuelist. reverse ()        # 改变列表中元素的排序
```

```
print（valuelist）
>>> [100，'math'，'Xiao Ming']    # valuelist 指向的对象不变，变化的是对象的值
```

18. slice（）函数

slice（）函数用于提取一个序列（字符串、列表或元组）中的连续字符或连续元素，并返回由连续字符或连续元素值组成的新对象。slice（）函数的调用格式为：

```
slice（start，stop，step）
```

slice（）函数的输入和输出如表 1-13 所示。

表 1-13   slice（）函数的输入和输出

参数	含义	返回
start	序列的起始索引值，默认值为 0	由连续字符或连续元素值组成的对象
stop	序列的结束索引值，不包括该索引值对应的字符或元素	
step	步长，默认值为 1	

代码示例如下：

```
alist = [1，2，3，4，5，6]
myslice = slice（2，5）
>>> [3，4，5]
```

19. enumerate（）函数

enumerate（）函数用于枚举列表、元素和字符串等内部包含多个元素的对象，将元素的索引值和元素组合为序列。enumerate（）函数常用于 for 循环。enumerate（）函数的调用格式为：

```
enumerate（sequence，start = 0）
```

enumerate（）函数中参数的含义如表 1-14 所示。

表 1-14   enumerate（）函数中参数的含义

参数	含义
sequence	列表、元素或字符串
start	规定枚举的起始位置，传入起始位置的索引值，默认值为 0

代码示例如下：

```
surname = ['Zhao'，'Qian'，'Sun'，'Li']
for i in enumerate（surname）：
    print（i）
>>>
（0，'Zhao'）
```

```
(1，'Qian')
(2，'Sun')
(3，'Li')
```

1.5　第三方模块（库或包）

在 1.4.2 节中介绍了 Python 中常见的内置函数，以实现操作中的常用功能。但内置函数所实现的功能毕竟有限，当现有内置函数无法实现指定功能时，则需要自行编写代码。这时，Python 程序员有着众多的第三方模块可以利用。

第三方模块又被称为"库"或"包"，是一系列函数的集合，用于实现某一或某些特定功能，能显著提高 Python 代码的复用性和编译效率。正如"第三方模块"的名字所言，这些模块是由 Python 和 Python 程序员之外的第三方开发和贡献的。大量的、功能强大的、可免费使用的第三方模块正是 Python 开源精神的体现，也是 Python 永葆活力的源泉。Python 官方提供的第三方模块索引网站 Python Package Index，简称 PyPI（https：//pypi.org/），涵盖了几乎所有已公开的第三方模块，是 Python 自有的"生态圈"。

第三方模块不是 Python 所内置的，因此在使用前需要提前安装，并在编程时导入。

1. 安装第三方模块

在寻找到目标模块后，需要通过指定命令语句将目标模块安装到用户的 Python 编译环境中。命令语句十分简易，通常为：

pip install ＜模块名称＞

PyPI 网站中也给出了每个模块安装的命令语句，例如，图 1-11 所展示的"math3"模块安装的命令语句为"pip install math3"。

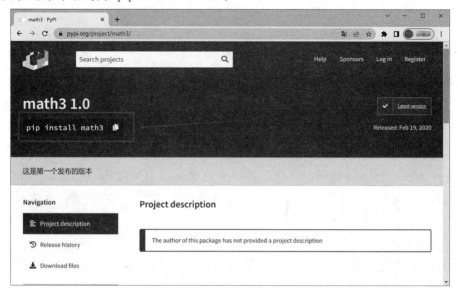

图 1-11　"math3"模块安装的命令语句

对于 Windows 用户而言，使用 Window＋R 打开"运行"窗口，然后在"打开"文本框中输入"cmd"打开"命令提示符"窗口，如图 1-12 所示。在"命令提示符"窗口中输入安装命令，执行安装操作，如图 1-13 所示。图 1-14 显示已成功将 math3 模块安装到指定环境中。

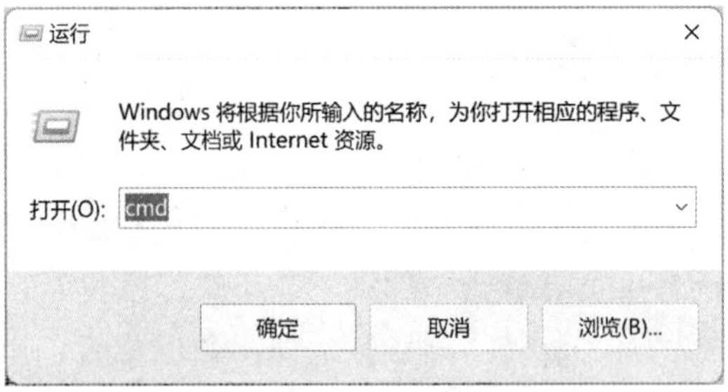

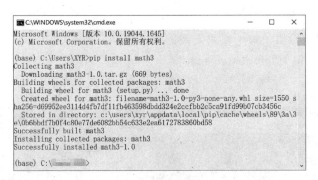

图 1-12　Windows 操作系统中的"运行"窗口

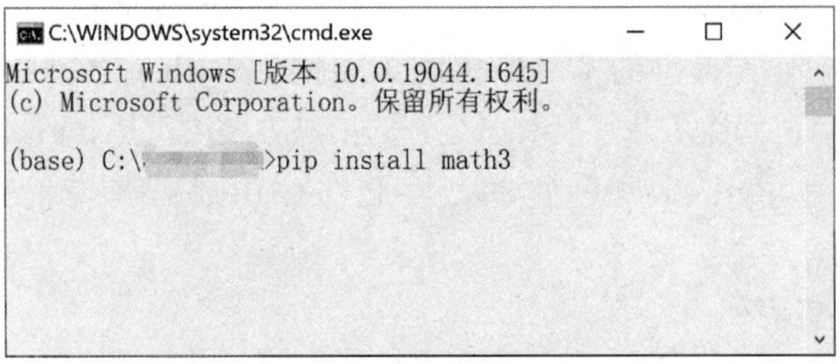

图 1-13　在"命令提示符"窗口中执行安装 math3 模块的命令语句

图 1-14　显示 math3 模块安装成功

2. 导入第三方模块

用户在书写 Python 代码时，代码并不会自动地调用编译环境已安装的第三方模块，需要手动地调用——也称为"导入"。导入操作通过一行代码实现，通常写于代码的第一行(不考虑注释)，格式通常为：

```
import ＜模块名称＞
```

例如，将上文安装成功的 math3 模块导入程序的代码如图 1-15 所示。导入模块后，该程序中即可使用模块中的指定功能。

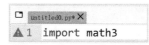

图 1-15　导入 math3 模块的代码

也有一些特例，导入第三方模块时需要指明来源。例如，导入 gdal 库时常使用的导入格式为：

from osgeo import gdal

此外，当第三方模块的名称较长或使用频率较高时，可以在导入模块的同时定义该模块的别名(通常为较原名称更加简洁的简称)。在后续代码书写中，只能使用简称调用模块，不可使用原始模块名称。这种同时定义简称的导入格式为：

import ＜模块名称＞ as ＜简称＞

1.6　编辑器的下载安装

编辑器是编写和运行、查看代码及其结果的常用工具。在学习 Python 代码之前，建议读者下载一个功能全面、使用便捷的编辑器。这里笔者选择一个常见的编辑器 Spyder，其他常见的编辑器如 Integrated Development and Learning Environment (IDLE)、Visual Studio code(VScode)等亦可使用。

在使用 Spyder 前需要明确的一点是，Spyder 编辑器作为代码的载体可以书写和运行不同种类的语言，如 Python、C++等，但 Spyder 是一款专为编译 Python 而设计的免费、开源的编辑器，通常不会使用该编辑器编写除 Python 外的其他语言。该软件具有强大的编译、分析、调试和可视化功能。读者可选择从 Spyder 官方网站(https：//www. spyder-ide. org/)下载安装，这种安装方式下载的 Spyder 在使用之前需要手动配置环境，但对于新手来说可能会在配置环境的过程中遇到各种问题，因此笔者推荐选择另一种安装方式：下载 Anaconda。

Anaconda 是一个强大的数据与环境管理软件。该软件的特点是：①附带大量 Python 常用的包并管理(安装、更新、卸载)包；②管理环境，由于 Python 版本与包的版本存在适配性，安装多版本会导致混乱与错误，Anaconda 可针对不同项目设置各自的对应环境。值得注意的是，Anaconda 提供了 Spyder 编辑器且无须配置相关环境，即 Spyder 的打开与运行可直接在 Anaconda 中完成，无须单独安装、配置环境。

在 Anaconda 的官方网站(https：//www. anaconda. com/)下载完成 Anaconda 后，进入 Spyder 的方法有两种，①直接在菜单栏的 Anaconda 文件夹中选择"Spyder(install)"，如图 1-16 所示；②在菜单栏的 Anaconda 文件夹中选择"Anaconda Navigator (install)"，如图 1-17 所示，并在 Anaconda Navigator 的界面中选择"Spyder"打开，如图 1-18 所示。

笔者建议选择方法②，原因是当 Anaconda 中存在多种环境需要管理和使用时，使用方法①无法对多种环境进行选择，直接使用默认的一种环境，而方法②能够对环境进行选择。

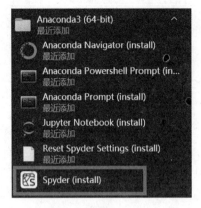

图 1-16 选择"Spyder"

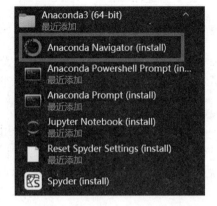

图 1-17 选择"Anaconda Navigator"

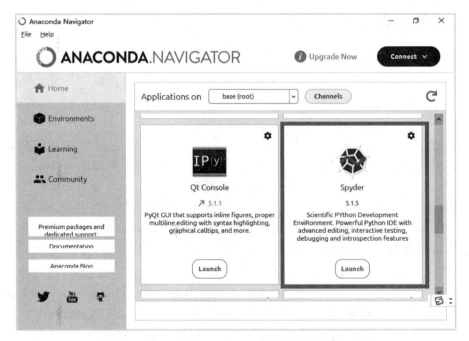

图 1-18 在 Anaconda Navigator 的界面中选择"Spyder"

Spyder 打开后的界面如图 1-19 所示。

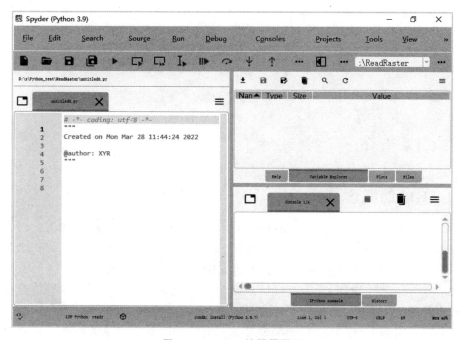

图 1-19 Spyder 编辑器界面

第 2 章　GIS 基础知识

2.1　GIS 简介

2.1.1　GIS 的概念

GIS 创造之初为 Geographic Information System（地理信息系统）的缩写，而后随着学科逐渐发展壮大，GIS 目前也可以认为是 Geographic Information Science（地理信息科学）的缩写。GIS 起初是以计算机技术为支撑，组织管理和分析地理信息的技术体系，之后作为一门新兴学科于 20 世纪后期逐渐发展起来，其定位是地球科学学科与信息学科之间的交叉学科，是集合了地理学、测绘学、计算机科学等的综合学科。或许是由于 GIS 的发展方向广泛、学科背景复杂，有关 GIS 的定义众说纷纭，目前未有统一定论。维基百科定义 GIS 是一种数据库，其中包含了地理数据和用于管理、分析和可视化这些数据的软件工具。世界最大的 GIS 技术供应商 ESRI 公司称 GIS 为一个创造、管理、分析和绘制所有类型数据的空间系统（A spatial system that creates, manages, analyzes, and maps all types of data）。

2.1.2　GIS 的历史

GIS 是随着计算机技术的发展而蓬勃起来的新兴领域，发展历史虽然短暂，但依然映射出时代发展的印记，浓缩着科学家和技术研发者的智慧结晶。

20 世纪 60 年代，为了方便地处理大量地理数据成了 GIS 的诞生契机。测量学家罗杰·汤姆林森为了处理在土地调查中获取的大量数据，设计开发出世界上第一个地理信息系统，地理信息系统的概念被首次提出。地理信息系统的设计初衷是为了处理大量地理数据，但由于当时计算机硬件设备的限制，地理信息系统的存储能力弱、运行速度缓慢、实现功能简单，因此并未广泛流行。

随着计算机技术在 20 世纪后期的飞速发展，具有更大存储空间的计算机为地理信息系统的发展提供了强有力的支持，大量地理数据有足够的空间存储、检索和分析，数据的输入和输出更加迅速，软件的分析功能更加强大。同时，卫星遥感技术也在这一时期有了跨越式发展，地理数据的可获取种类逐渐扩大、分辨率逐渐提高，这些崭新的数据正迫切地需要强大的地理信息系统进行存储、分析和展示。因此，在 20 世纪七八十年代，地理信息系统搭乘计算机技术和卫星遥感技术发展的快车，逐渐在全世界范围、多学科领域推广和发展。直到 20 世纪 90 年代，GIS 已普遍应用于各行各业中。

我国的 GIS 发展研究起步于 20 世纪 80 年代，最初由中国遥感地学之父陈述彭院士提出开展地理信息系统研究的建议，并率先领导和推动我国地理信息系统的研究。起步的标志是 1980 年中国科学院遥感所成立的地理信息系统研究室。虽然相比于西方发达国家，我国的 GIS 发展起步较晚，但我国科学家们不断探索、努力进取，同时借鉴外国经验，以快速步伐建立起 GIS 理论和实践应用的根基。随着第 7 个五年计划将地理信息系统正式列入国家科技攻关计划，我国的 GIS 发展稳步向好，逐渐在多行业部门普及应用，改变了许多行业部门的管理模式以及为人民服务的方式。如今，我国的 GIS 行业逐渐成形和壮大，未来发展前景广阔。

2.1.3　GIS 的构成

GIS 主要有 4 个部分构成，分别为硬件系统、软件系统、地理空间数据和应用人员。其中，软、硬件系统是核心，地理空间数据是作用对象，应用人员是贯穿其中的操控者。

1. 硬件系统

硬件系统即实际物理装置，包括计算机系统、数据输入设备、存储设备、输出设备 4 种类别。其中，计算机系统是 GIS 不可或缺的硬件装置，因为 GIS 对大量地理空间数据的输入、输出以及存储、检索、分析等功能必须依托于强大的计算机设备；数据输入设备有扫描仪、数字化仪、GPS 接收器等；存储设备有移动硬盘、光盘等；数据输出设备有打印机、绘图仪等。

2. 软件系统

GIS 软件种类繁多，以实现地理空间数据处理、查询、分析等功能。这些功能的使用可通过软件用户界面或程序语言编译实现。目前主流的 GIS 软件系统有 ArcGIS、QGIS、MapGIS 等。同时，GIS 支持二次开发，使用者可对原有软件系统功能进行改进或对问题更具针对性地优化，以构建出属于自己的 GIS 软件系统。

3. 地理空间数据

地理空间数据通常是反映地理实体几何信息、属性信息和时域特征的数据，是 GIS 的作用对象。地理空间数据涵盖范围广泛，数据种类、形式丰富，包含信息量庞大。数据所包含的几何信息包括地理实体的维度形状，如点、线、面、高程等，以及多个地理实体之间的几何关系，如相交、包含等；属性信息包括所有非几何信息，如名称、数据类型、属性值等；时域特征包括数据所产生的时期以及所处地理位置。正是因为地理空间数据所包含的信息量庞大，使得 GIS 成为空间分析领域不可或缺的工具。

4. 应用人员

应用 GIS 的人员贯穿于 GIS 各个构成部分，是 GIS 得以发挥作用的操控者。应用人员需要管理和维护软、硬件系统，组织使用和整理地理空间数据，基于不同需求对地理空间数据进行处理和分析。同时，应用人员是引领 GIS 发展的核心人员，他们不断根据用户反馈对系统进行更新和改进，基于应用和研究结果辅助决策、提供支持。

2.1.4　GIS 的功能

1. 数据采集

数据采集是将现实存在的地理实体或现象进行简化和数据化，通过数字、图像、属性值等形式勾勒出地理实体的形状、属性、时空特征和相互关系。GIS 数据主要有两个来源，分别为野外测量数据和卫星遥感数据。野外测量数据的采集需耗费大量人力物力，但数据精度高，常用于验证和校准；卫星遥感数据获取效率高、时间空间范围广，但数据精度相对较低。

2. 数据存储与管理

地理空间数据的有效存储和管理是地理信息系统数据库的核心优势，包括对数据空间信息和属性信息的存储和管理。目前，多数地理信息系统是将两种信息分别存储和管理，并通过一定标识连接两种信息。这种方式的优点是使得 GIS 中数据间的空间关系易于查询，弥补了传统信息系统在这方面的不足；缺点是数据的更改和发生的变化难以有效地反映出时间特征。

3. 数据处理

针对用户的需求，需要将采集到的原始地理空间数据进行一定的处理，例如，地理位置校准、去除噪声、裁剪、重新规定分辨率等。一些功能强大的 GIS 软件提供了大量处理工具，帮助用户针对不同类型的空间数据执行指定处理功能。

4. 数据分析

这里的数据分析主要指空间分析，GIS 的空间分析主要分为空间检索、空间叠加分析和空间模型分析。空间检索是借助空间索引快速检索地理实体的空间信息和属性信息。空间叠加分析是对于地理实体之间的位置关系进行识别和处理。空间模型分析则是借助了地理信息系统内部或之外的空间模型，进行复杂和额外的数据分析。

5. 数据可视化与交互

GIS 的许多软件系统提供了可视化交互界面，使得 GIS 不再像计算机技术那样对使用者的代码能力提出高要求。GIS 用户可根据自身需求实现操作的交互，并且可以将操作结果可视化，便于使用者制作出符合需求的地图或图形。

2.2　GIS 的应用

1. 国土空间规划

GIS 的应用为国土空间规划提供重要技术支持和决策参考。国土空间规划将主体功能区、土地利用规划和城乡规划等我国传统空间规划整合起来，开创历史先河，为国家建设发展构建出完整、统一的空间规划框架。国土空间规划顾及自然资源、土地利用、人口经济、生态环境等多领域的监管调查、规划布局、协同发展，涉及的地理数据类型丰富、数据量庞大。GIS 能够有效存储各种类型的地理数据，针对不同需求对多样地理数据进行处理和分析，能够利用多种预测模型对规划决策提供科学参考。例如，将某省规划文件中的各类型土地面积规划目标设置为需求，使用土地利用模拟模型预测规划目标年份该省的土地利用分布，可为当地土地规划和改造提供科学指导和实施依据。

2. 地图制图

GIS 的发展使地图制图过程发生变革。早期地图制作和成图的周期漫长、精度较差，花费大量人力物力。随着 GIS 的发展，GIS 的部分软件提供了强大的地图制图功能，使地理数据既能够按照统一标准规范化表达，又能够按照制图人的个人喜好制作出符合心意的、精美生动的图片。地图制作过程变得简单便捷，成图周期缩短、精度提高，地图形式逐渐丰富。

3. 灾害监测和风险评估

GIS 在灾害监测和灾害风险评估中发挥着重要作用。GIS 结合遥感技术，将卫星实时拍摄的地表数据进行指定处理和分析。在灾害发生时实时反映灾情变化，准确提供灾害发生位置和严重程度，为灾后救援提供及时且准确的信息；在灾害发生之后，根据灾情严重程度进行损失估算，结合灾害评价模型对灾害严重程度进行评价，为地区灾后恢复重建提供规划建议，也为灾害在未来的发生提供强有力的预测。因此，GIS 在灾害监测和风险评估中发挥的作用极大程度地帮助受灾地区减少伤亡和财产损失。

4. 空间分析

GIS 在空间分析领域具有重要地位。空间分析所使用的地理数据、分析方法、分析结果可视化过程均与 GIS 息息相关。在空间分析中，GIS 能够帮助人们发现地理现象中的内在空间联系和规律，验证已有结论和假设。同时，GIS 提供多种空间分析技术和辅助分析的其他技术，如空间数据的存储和查询、数学模型的结合、优化算法的开发、空间数据可视化等。GIS 能够很好地帮助人们解决许多空间分析难题。

2.3　GIS 空间分析简介

空间分析是 GIS 的核心应用之一。美国著名地理学家阿瑟·格蒂斯曾经将空间分析这一宽泛的领域划分为三个类别，这三个类别中便包括了 GIS 空间分析。格蒂斯曾表示，GIS 有助于解决空间分析领域中的多个问题，它提供了整合数据之空间信息的平台和技术。GIS 奠基人之一、地理学第一定律的提出者古德柴尔德曾表示，GIS 真正发挥价值的功能在于对空间数据的分析。我国地理学家黎夏也曾发表观点，无论 GIS 向着何处发展，空间分析永远是 GIS 的核心及重要功能。

GIS 具有强大的空间分析能力。在识别和获取地理空间数据时，它能提供数据查询、数据关联、数据统计和条件分析功能，便于人们快速便捷地认识和掌握地理空间数据；在进行指定分析时，它提供了多种已有分析技术、分析模型，以及构建模型的技术支持，帮助人们获取地理空间数据的表面和内在联系、空间规律的形成过程和机制、空间理论知识的实际应用和验证；在分析结果时，GIS 强大的地图制图功能够帮助人们将结果以通俗易懂的形式可视化，有助于读者对于分析结果的理解和深入思考。

在实际应用中，常见的 GIS 空间分析包括：①对地理空间数据的基本操作，包括查询、统计和修改；②分辨率变换，包括主题分辨率变换和空间分辨率变换；③空间插值；④叠置分析；⑤空间格局指数计算；⑥缓冲区分析；⑦空间自相关分析。

2.4 栅格数据

栅格数据结构(Raster Data Structure)简称栅格结构，是指将二维空间划分成由若干行和若干列组成的规则格网(grid)后，通过给每个格子赋予属性值来表达地理实体或现象的一种数据组织方式。格网中的格子又称为细胞或像素(尤其当属性为数值时)，格子的位置可用行号和列号确定。

栅格数据：以栅格结构组织的数据称为栅格数据，栅格数据可分为定性(qualitative)和定量(quantitative)两大类。定性型栅格数据又分为名义型(nominal)和次序型(ordinal)两类。名义型栅格数据中存储的属性值为不区分顺序的类别数据，典型代表为土地利用与土地覆盖类型地图，其中存储的属性值诸如草地、林地、耕地、建筑用地等。次序型栅格数据中存储的属性值为具有先后顺序的类别数据，典型代表为表达道路等级的栅格数据，其中存储的属性值诸如省级公路、市级公路、县级公路、乡级公路等；定量型栅格数据又分为间隔型(interval)和比率型(ratio)两类，前者如地表摄氏温度梯度，后者如灰度图像和数字高程模型。两者在数据分析和处理时的区别在于，间隔型栅格数据之间只能进行加、减两类运算，而比率型栅格数据之间可进行加、减、乘、除4类运算。

栅格数据的空间分辨率：空间分辨率是栅格数据的一个重要属性，是指栅格数据中单个格子的尺寸，通常以格子边长来表示。例如，对于空间分辨率为30米的栅格数据而言，其每个格子的长和宽均代表30米，格子面积为900平方米。在本例中，这意味着使用栅格结构的假设是整个900平方米的地区拥有相同的属性值。因此，对于栅格数据而言，格子的尺寸越大、空间分辨率越低、数据精度越低，在可视化表达中视觉效果也越模糊(图2-1)。

图 2-1 不同空间分辨率的栅格数据(分辨率从左到右递减)

栅格结构的优点和缺点：在空间数据分析中，栅格结构既有优点也有缺点。其优点是有利于空间数据的叠置分析。例如，通过将分辨率相同的数字高程模型与植被图相叠置，相同空间位置将同时具有两项属性值，根据这些成对出现的属性值可分析高程与植被的相关性。栅格结构在空间数据分析中的缺点是不利于进行拓扑分析的，这是因为在栅格结构中，空间要素间的拓扑关系已被固定化、隐含地表达在不同属性值格子的邻接关系中。面向栅格结构的空间分析可借助基于栅格的地理信息系统。

栅格结构研究的前沿：前文中介绍的栅格结构均为传统的规则格网型，新型的栅格结构有三角形、六边形等，如图 2-2 所示。由于栅格数据中存储的属性值往往存在冗余，因此研究工作中需重视栅格数据的编码策略、压缩方法和多尺度表达模型。

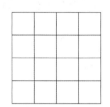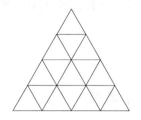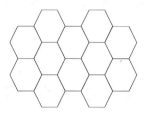

图 2-2　不同形状的栅格数据结构

2.5　矢量数据

矢量（Vector）又被称为向量，是用来表达大小和方向的量。矢量数据结构（Vector Data Structure）简称矢量结构，是由具有 x、y 坐标的点构成二维空间中数据的位置和形状，通过点的位置和属性值来表达地理实体或现象的一种数据组织方式。

以矢量结构组织的数据称为矢量数据，矢量数据可根据点的组织形式分为点（point）、线（line）、面（polygon）3 种类型。

（1）点类型矢量数据由独立的 x、y 坐标构成，通常用于表示相对小比例尺的地理实体或地理现象，如在中国地图中用点来表示各省省会、在世界地图中用点来表示国家首都。

（2）线类型矢量数据由一系列连续的点构成，通常用于表示河流、道路等地理实体。

（3）面类型矢量数据由 3 个及以上不共线的点所构成的封闭图形，是最准确反映地理实体大小范围的矢量数据类型，通常用于表示相对大比例尺的地理实体，如在一个小区中表示楼房范围，在一个城市内标识出湖泊范围。

有别于栅格数据，矢量数据具有以下 3 个特点：

（1）矢量数据没有空间分辨率这一属性，因为矢量数据的空间表示形式由点的 x、y 坐标组成，坐标位置没有尺寸大小。正因如此，矢量数据所描绘的图形准确性更高，无论放大、缩小均不会使数据失真。

（2）在数据的表现形式上有所不同。栅格数据以规则格网的形式表示，矢量数据则是以点的位置、线的位置和长度、面的位置和大小表示。

（3）矢量数据相比于栅格数据更加复杂、存储成本更高。栅格数据由有组织、有规则的格网，以及每个格子所表达的数字构成，数据结构简单；而矢量数据需要考虑复杂的拓扑关系、每个位置的坐标信息以及更多元的属性信息（不只数字），因此矢量数据的存储成本也更高。

第 3 章 基于 Python 的空间分析基础

3.1 文本数据的读取与解析

文本数据的格式简单、易操作、可在不同平台之间交互使用。在 ArcGIS 等常见的 GIS 软件中均提供了将栅格数据转换为文本数据（.txt 或 .asc 格式）、将矢量数据的属性表导出为文本数据、将文本数据转换为矢量数据等功能，以实现地理数据核心信息与文本数据的交互。本节将介绍如何使用 Python 读取和解析文本数据。

1. 文本数据的准备

本节将分别介绍将栅格数据和矢量数据（的属性表）转换为文本数据的方法。

（1）将栅格数据转换为文本数据。

由栅格数据转换而成的文本数据，主体通常是一个存储了每个栅格属性值的矩阵。矩阵之外也包含了栅格数据的行列数，左下角 x、y 坐标等信息，如图 3-1 所示。

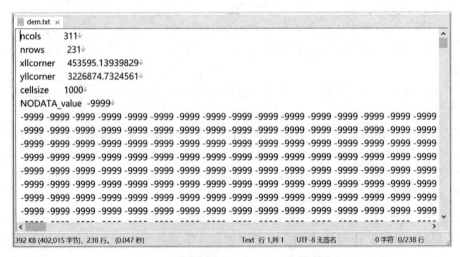

图 3-1 栅格数据转换为文本数据的示例

（2）将矢量数据转换为文本数据。

矢量数据通常将属性表转换为文本数据，属性表中通常存储了每个要素的位置信息、属性信息等。导出的文本数据如图 3-2 所示。

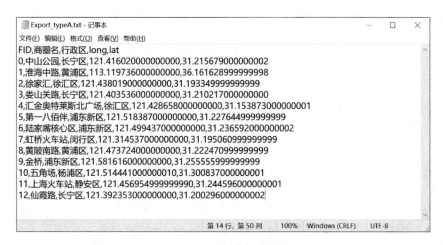

图 3-2　矢量数据属性表的导出结果

2. 文本数据的读取

从示例中的文本数据(图 3-1、图 3-2)可以看到，文本数据最常见格式为使用空格和逗号分隔内容。本节将介绍在 Python 中读取使用逗号分隔的文本数据。

以图 3-2 的数据为例，该数据展示了上海市部分商圈的信息，包括序号、商圈名称、所在行政区和经纬度。使用 1.4.2 节介绍的 open() 函数读取文本数据。代码示例如下：

```
# 读取指定路径下的文本数据，并赋值给变量 textFile
textFile = open(r"D:\x\Python_test\ReadShapefile\Export_typeA.txt", encoding = 'utf8')
```

注意，当读取的文本数据中存在中文时，需要在打开文件时规定使用"utf8"编码。

3. 文本数据的解析

读取文本数据后，将解析文本数据中的内容，提取出每一列信息的每一个值。具体实现方法如下：

```
textFile = open(r"D:\Export_typeA.txt", 'r', encoding = 'utf8')
for infor in textFile.readlines():          # 使用循环语句遍历文本数据的全部内容
    inforList = infor.split(",")            # split() 函数将每一行的值根据指定分隔符拆分
到列表 inforList 中
    bussName = str(inforList[1])    # 使用列表的索引值将每一列的值赋予新变量
    districtName = str(inforList[2])
    longitude = str(inforList[3])
    latitude = str(inforList[4])
    print("商圈信息：", longitude, latitude, bussName, districtName)
    textFile.close()                        # 关闭文件
>>> 商圈信息：long lat 商圈名 行政区
商圈信息：121.416020000000000 31.215679000000002 中山公园 长宁区
```

```
商圈信息：113.119736000000000 36.161628999999998 淮海中路 黄浦区
商圈信息：121.438019000000000 31.193349999999999 徐家汇 徐汇区
商圈信息：121.403536000000000 31.210217000000000 娄山关路 长宁区
商圈信息：121.428658000000000 31.153873000000001 汇金奥特莱斯北广场 徐汇区
商圈信息：121.518387000000000 31.227644999999999 第一八佰伴 浦东新区
商圈信息：121.499437000000000 31.236592000000002 陆家嘴核心区 浦东新区
商圈信息：121.314537000000000 31.195060999999999 虹桥火车站 闵行区
商圈信息：121.473724000000000 31.222470999999999 黄陂南路 黄浦区
商圈信息：121.581616000000000 31.255555999999999 金桥 浦东新区
商圈信息：121.514441000000010 31.300837000000001 五角场 杨浦区
商圈信息：121.456954999999990 31.244596000000001 上海火车站 静安区
商圈信息：121.392353000000000 31.200296000000002 仙霞路 长宁区
```

读取文本数据的方法除 readlines（）方法外，还可以使用 read（）、readline（）方法。其中，read（）方法可指定读取的字节数，readline（）方法可读取文本数据中的整行内容。下面以一个日常文本数据（图 3-3）为例，展示 read（）、readline（）方法的使用。

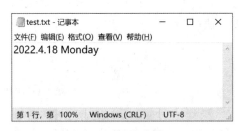

图 3-3   日常文本数据示例 1

```
# read（）方法示例
f = open（r"D：\ x \ Python _ test \ test. txt"，'r'）
print（f. read（9））          # 读取文本数据中的前 9 个字节，并打印显示
>>> 2022.4.18               # 成功读取文本内容中的日期
# readline（）方法示例
f = open（r"D：\ x \ Python _ test \ test. txt"，'r'）
print（f. readline（））        # 无参数则默认读取第一行的内容
>>> 2022.4.18 Monday        # 成功读取文本内容的第一行
```

本节示例中，文本数据中的分隔符是逗号，对应使用的是 split（"，"）方法。若文本数据的分隔符号为空格或制表符等其他符号，则依然可以使用 split（）方法，只需将参数由"，"更换为指定符号即可。以使用空格分隔的文本数据为例（图 3-4），代码示例如下：

图 3-4 日常文本数据示例 2

```
textFile = open (r"D：\ x \ Python _ test \ test2. txt"，'r')
    for infor in textFile：
    inforList = infor. split (" ")    ♯ 将文本内容的每一行按照空格拆分为列表
    print (inforList)
>>> ['4213', '3756', '4673 \ n']
['4544', '3689', '2356 \ n']
```

3.2 存储栅格数据的 **numpy** 数组

在使用 Python 进行 GIS 空间分析时，很多教程和公开代码均使用 numpy 数组存储栅格数据。本节将对 numpy 数组进行详细介绍。

numpy 数组并非 Python 中默认的数据类型，而是来自第三方模块 Numerical Python，简称 numpy。该模块提供了众多针对多维数组的存储和操作函数。由于其强大的数据处理功能，numpy 已被认为是 Python 数据处理中的核心模块。

在 Python 中，numpy 模块在导入时通常被再次简称"np"，具体如下：

```
import numpy as np
```

值得一提的是，通常与 numpy 搭配使用的第三方模块有 SciPy 和 Matplotlib。其中 SciPy 提供众多 Python 算法和数学工具，为 numpy 数组运算提供帮助；Matplotlib 提供可视化图形界面，为 numpy 结果呈现提供帮助。

3.2.1 创建数组

数组的创建方法有 8 种，分别为创建全零数组、空值数组、全 1 数组、单位矩阵、填充给定值的数组、等差数列数组、等比数列数组、随机数数组。

1. 创建全零数组

numpy 中的函数 zeros（）用于创建全零数组(元素值均为 0)。其调用格式为：

```
Array = np. zeros (shape)
```

其中"shape"参数用于定义数组的维数和各维度上的元素数。

代码示例如下：

```
import numpy as np
Array1 = np.zeros（3）              ♯ 创建元素个数为 3 的一维数组
print（Array1）
>>> [0. 0. 0.]
Array2 = np.zeros（(3，3)）          ♯ 创建行列数均为 3 的二维数组(即矩阵)
print（Array2）
>>>
[[0. 0. 0.]
 [0. 0. 0.]
 [0. 0. 0.]]
```

2. 创建空值数组

numpy 中的函数 empty（）用于创建空值数组(元素值随机生成的数组)，调用格式同 zeros（）函数。

实际上，空值数组中的每个元素都具有系统分配的随机初始值。空值数组和全零数组均是不明确数组元素值时初始化数组的好方法，其中空值数组由于其无序的数值更容易在再次调用和排错时引起程序员的注意。

代码示例如下：

```
import numpy as np
Array1 = np.empty（(2，3)）              ♯ 创建一个 2×3 的数组，默认类型为 float64
print（Array1）
>>>
[[0.   0.15 0.25]
 [0.5  0.75 1.  ]]
Array2 = np.empty（(2，3)，dtype = 'int32'）♯ 创建一个元素类型为 int32 的 2×3
数组
print（Array2）
>>>
[[0 0 0]
 [0 0 0]]
```

注意，在上述代码示例中提及了 numpy 数组中元素数据的类型，常见的类型及其描述如表 3-1 所示。用户在创建 numpy 数组时，若未明确指定元素的数据类型，系统则会为整数或浮点数自动规定数组的数据类型为 int32 或 float64。

表 3-1   **numpy 数组的元素数据类型及其描述**

元素类型	描述
bool/bool _	布尔值(True 或 False)，存储需要 1 个字节
int/int _	整型，通常为 int64 或 int32

元素类型	描述
intc	与 C 语言的 int 类型相同，通常为 int64 或 int32
intp	用于索引的整型，通常为 int64 或 int32
int8	整型，范围为 −128～127
int16	整型，范围为 −32 768～32 767
int32	整型，范围为 −2 147 483 648～2 147 483 647
int64	整型，范围为 −9 223 372 036 854 775 808～9 223 372 036 854 775 807
uint8	无符号整型，范围为 0～255
uint16	无符号整型，范围为 0～65 535
uint32	无符号整型，范围为 0～4 294 967 295
uint64	无符号整型，范围为 0～18 446 744 073 709 551 615
float16	半精度浮点型
float32	单精度浮点型
float/float _ /float64	双精度浮点型
complex64	复数，由 2 个 float32 类型的浮点数表示
complex _ /complex128	复数，由 2 个 float64 类型的浮点数表示

3. 创建全 1 数组

numpy 中的函数 ones（）用于创建全 1 数组，调用格式同 zeros（）函数。代码示例如下：

```
import numpy as np
Array = np.ones((2，2))
print（Array）
>>>
[[1. 1.]
 [1. 1.]]
```

4. 创建单位矩阵

numpy 中的函数 eye（）用于创建单位矩阵，调用格式为：

```
Array = np.eye（n，m = n，k = 0)
```

eye（）函数的输入和输出如表 3-2 所示。

49

表 3-2　eye（）函数的输入和输出

参数	含义	返回
n	单位矩阵的行数	一个 n 行 m 列的二维数组，其中主对角线（或主对角线的平行线，由参数 k 控制）上的元素为 1，其余元素为 0
m	单位矩阵的列数，可不输入，默认 $m=n$	
k	默认值为 0，此时值为 1 的所有元素即为主对角线（从矩阵的左上角到右下角）。当 k 不等于 0 时，表示从第 k 行第 k 列的位置开始、以与主对角线平行的方向布设值为 1 的元素，其余元素为 0	

代码示例如下：

```
import numpy as np
Array1 = np.eye（3，3，k＝0）      ♯ 创建一个 3×3 的单位矩阵
print（Array1）
>>>
[[1. 0. 0.]
 [0. 1. 0.]
 [0. 0. 1.]]
```

当参数 k 不为零时，代码示例如下：

```
Array2 = np.eye（3，3，k＝1）
print（Array2）
>>>
[[0. 1. 0.]
 [0. 0. 1.]
 [0. 0. 0.]]
```

5. 创建填充给定值的数组

当用户能够明确数组中每个元素的数值时，可以使用函数 array（）创建数组。例如，当要创建一个 2×2 的二维数组，数组元素第 1 行为 1 和 2、第 2 行为 3 和 4 时，使用 array（）函数创建此数组。

代码示例如下：

```
import numpy as np
Array = np.array([[1, 2], [3, 4]])
print(Array)
>>>
[[1 2]
 [3 4]]
```

当数组中的所有元素均为相同值时，可以使用 numpy 中的函数 full（）创建数组。

```
Array = np.full（shape，fill_value）
```

full（）函数的输入和输出如表 3-3 所示。

表 3-3　**full（）函数的输入和输出**

参数	含义	返回
shape	指定维度和各维度上的元素数	一个 shape 形状的数组，数组中所有元素值为 fill_value
fill_value	所创建数组的所有元素值	

代码示例如下：

```
import numpy as np
Array = np. full（(3，3)，2）# 创建一个 2×2 的数组，指定数组内元素的值为 2
print（Array）
>>>
[[2 2 2]
 [2 2 2]
 [2 2 2]]
```

6. 创建等差数列数组

numpy 中的函数 arrange（）和 linspace（）用于创建等差数列数组，前者通常用于创建整型等差数列，后者通常用于创建浮点型等差数列。arrange（）函数的调用格式为：

```
Array = np. arrange（start = 0, stop, step = 1）
```

arrange（）函数的输入和输出如表 3-4 所示。

表 3-4　**arrange（）函数的输入和输出**

参数	含义	返回
start	起始元素值，默认值为 0	一个 [start，stop)，间隔为 step 的等差一维数组
stop	终止元素值(不包括该值)	
step	间隔，默认为 1	

代码示例如下：

```
import numpy as np
Array1 = np. arange（0，10，2）
print（Array1）
>>> [0 2 4 6 8]
Array2 = np. arange（10）
print（Array2）
>>> [0 1 2 3 4 5 6 7 8 9]
```

linspace（）函数的调用格式为：

```
Array = np. linspace（start，stop，num，endpoint = True）
```

linspace（）函数中各参数的含义如表 3-5 所示。

表 3-5　linspace（）函数中各参数的含义

参数	含义
start	起始元素值
stop	终止元素值
num	指定数组中的元素个数
endpoint	指示是否包括 stop 元素，默认为 True，则 step ＝（stop － start)/(num － 1)，若 num 为 1，则 step ＝ start；若为 False，则 step ＝（stop － start)/num

代码示例如下：

```
import numpy as np
Array1 ＝ np. linspace（2，3.5，4，endpoint ＝ True）    ＃ 间隔为(3.5－2)/(4－1) ＝ 0.5
print（Array1）
>>> [2.    2.5 3.    3.5]
Array2 ＝ np. linspace（2，3.5，4，endpoint ＝ False）    ＃ 间隔为(3.5－2)/4 ＝ 0.375
print（Array2）
>>> [2.    2.375 2.75    3.125]
```

7. 创建等比数列数组

numpy 中的函数 logspace（）用于创建等比数列数组，调用格式为：

Array ＝ np. logspace（start，stop，num，endpoint ＝ True，base）

logspace（）函数中各参数的含义如表 3-6 所示。

表 3-6　logspace（）函数中各参数的含义

参数	含义
start	起始元素值的幂
stop	终止元素值的幂
num	指定数组中的元素个数
endpoint	指示是否包括 stop 元素，默认为 True，则终止元素值包含在数列中；若为 False，则终止元素值不包含在数列中
base	起始、终止元素值的底数

代码示例如下：

```
import numpy as np
Array ＝ np. logspace（0，4，5，endpoint＝ True，base＝2)
print（Array）
>>> [1. 2. 4. 8. 16.]
```

8. 创建随机数数组

numpy 中的函数 random（）用于创建随机数数组。函数 random（）中包括多种子函数，不同的子函数可用于生成不同的随机数。这些子函数主要包括：

（1）rand（）函数用于创建离散的、均匀分布在[0，1]范围内的随机数数组，调用格式为：

```
random. rand（shape）
```

代码示例如下：

```
import numpy as np
#创建形状为 2 行 3 列的、均匀分布在[0，1]范围内的随机数数组
Array1 = np. random. rand（2，3）
print（Array1）
>>>
[[0. 81420155 0. 34488809 0. 43528995]
 [0. 38592006 0. 47806387 0. 71225359]]
```

（2）randint（）函数用于创建离散的、在指定范围内均匀分布的、元素类型为整型的的随机数数组，调用格式为：

```
random. randint（low，high = None，shape）
```

若规定 high 参数的值，则随机数从[low，high)之间取值；若未规定 high 参数的值，则随机数从[0，low)之间取值，元素默认类型为 int32。

代码示例如下：

```
import numpy as np
#创建形状为 2 行 3 列的、均匀分布在[1，3)范围内的整型随机数数组
Array2 = np. random. randint(1，3，(2，3))
print（Array2）
>>>
[[1 1 1]
 [2 1 2]]
```

（3）randn（）函数和 normal（）函数用于创建符合正态分布的随机数数组，调用格式为：

```
random. randn（shape）
random. normal（loc = 0. 0，scale = 1. 0，shape）
```

其中，loc 指定所有元素的均值（默认为 0），scale 指定所有元素的标准差（默认为 1）。

代码示例如下：

```
import numpy as np
# 创建 2×3 的、所有元素值服从标准正态分布(均值为 0、方差为 1)的随机数数组
Array3_1 = np.random.randn(2, 3)
print(Array3_1)
>>>
[[ 2.62514466 -0.24455349 -0.49883278]
 [-0.75667001 -0.2312568  -0.36102494]]
# 创建 2×3 的、所有元素值服从均值为 0、方差为 2 的正态分布的随机数数组
Array3_2 = np.random.normal(0, 2, (2, 3))
print(Array3_2)
>>>
[[-1.51047578 -0.44743531  2.59620245]
 [-5.04033031  0.72382803 -2.23573411]]
```

(4)seed()函数用于在创建随机数数组前指定"种子"数值。通过指定不同的"种子"数值，可保证生成不同的随机数数组，调用格式为：

```
random.seed(seed = None)
```

其中，seed 可以为任意整数。若不指定 seed 值，则系统会根据时间自动生成一个值，且每次创建的随机数均不相同。

代码示例如下：

```
import numpy as np
# 通过更换"种子"数值，使用相同的函数创建随机数数组
# 可以看到，使用相同随机种子生成的数组是完全相同的
np.random.seed(1)
Array4_1 = np.random.rand(2, 3)
np.random.seed(2)
Array4_2 = np.random.rand(2, 3)
np.random.seed(1)
Array4_3 = np.random.rand(2, 3)
print(Array4_1)
print(Array4_2)
print(Array4_3)
>>>
[[0.5507979  0.70814782 0.29090474]      # Array4_1 结果
 [0.51082761 0.89294695 0.89629309]]
[[0.4359949  0.02592623 0.54966248]      # Array4_2 结果
 [0.43532239 0.4203678  0.33033482]]
[[0.5507979  0.70814782 0.29090474]      # Array4_3 结果，与 Array4_1 一致
 [0.51082761 0.89294695 0.89629309]]
```

3.2.2　数组属性的查询

numpy 的数组属性共有 6 个，分别为描述数组大小信息的维度数(nidm)、形状总个数(shape)、元素总个数(size)、描述数组内元素存储信息的元素类型(dtype)、单个元素占用字节(itemsize)和总元素占用字节(dbytes)，具体含义如下。

维度数指数组共有多少维度，又称为轴数(axes)。例如，一个三维数组的维度数为 3，也可以认为该数组有 3 个轴。在代码中可以通过"ndim"属性查询。

值得一提的是，一维数组也称为向量，二维数组被称为矩阵(matrix)，具有两个轴。二维数组的第一个轴通常被称为行(row)，表示垂直方向；第二个轴通常被称为列(column)，表示水平方向。两种数组的对比示意图如图 3-5 所示。

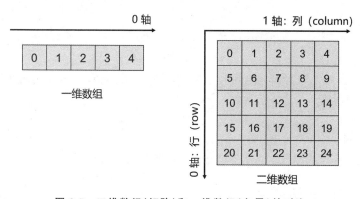

图 3-5　二维数组(矩阵)和一维数组(向量)的对比

从编译器运行结果的矩阵中判断维度数的方法是查看一个数组首行最左端的中括号个数。如图 3-6 所示的数组，其首行最左端中括号的个数为 3，则维度数是 3。

```
[[[0. 0. 0.]
  [0. 0. 0.]
  [0. 0. 0.]]

 [[0. 0. 0.]
  [0. 0. 0.]
  [0. 0. 0.]]

 [[0. 0. 0.]
  [0. 0. 0.]
  [0. 0. 0.]]]
```

图 3-6　数组示例

形状由每个维度的长度(元素个数)构成。以图 3-6 为例，其最内层的两个中括号内的元素个数为 3，则意味着该数组第三维的长度为 3；接着将最内层中括号看作一个整体，查看次内层中括号内共有 3 个该整体，则意味着该数组第二维的长度为 3；最后，将次内层中括号看作一个整体，查看最外层中括号内共有 3 个该整体，则意味着该数组第一维的长度为 3。因此，此示例数组的形状为(3，3，3)。

元素总个数指数组所包含的全部元素个数，即为形状中所有数字相乘的结果。

元素类型是数组内元素的数据类型，决定了元素占用字节的大小，如 int16、float32。

单个元素占用字节指每个元素占用的字节大小（单位：byte）。

总元素占用字节指数组中所有元素占用的字节大小（单位：byte）。

以如图 3-6 所示的数组为例，查看该数组 6 个属性的代码示例如下：

```
print（Array. ndim）
>>> 3                  # 数组 Array 的维度为 3
print（Array. shape）
>>> (3, 3, 3)          # 数组 Array 每个维度的元素个数分别为 3、3、3
print（Array. size）
>>> 27                 # 数组 Array 的元素总个数为 27
print（Array. dtype）
>>> float64            # 数组 Array 的元素类型为 float64，是 zeros（）函数默认的元素类型
print（Array. itemsize）
>>> 8                  # 数组 Array 中单个元素的字节大小为 8 个 bytes
print（Array. nbytes）
>>> 216                # 数组 Array 中总元素的字节大小为 216 个 bytes
```

3.2.3 数组元素的读取

通过索引可以读取数组中的元素。本节将介绍两种索引数组中指定元素的方法，分别为简单索引和列表索引。简单索引支持读取数组每个维度中的单个元素，列表索引支持读取数组每个维度中的多行或多列元素。

1. 简单索引

一维数组进行简单索引的形式为"数组名称[索引值]"。简单索引支持向前和向后索引，索引值对应的元素可参考图 1-3。

代码示例如下：

```
import numpy as np
Array = np. array（[1, 2, 3, 4]）
print（Array[3]）      # 获取一维数组 Array 中的最后一个元素值
>>> 4
print（Array[-1]）     # 获取一维数组 Array 中的最后一个元素值
>>> 4
```

二维数组进行简单索引的形式有两种，分别为"数组名称[索引值 1，索引值 2]"和"数组名称[索引值 1][索引值 2]"，索引值的前后顺序与维度顺序相同。

代码示例如下：

```
import numpy as np
Array = np.array([[1, 2], [3, 4]])    # 创建一个 2×2 的二维数组 Array
print(Array[0, 0])                     # 获取 Array 第一维的第一个元素值
>>> 1
print(Array[1][1])                     # 获取 Array 第二维的第二个元素值
>>> 4
```

三维及以上维度数组进行简单索引的形式与二维数组相同，只需进一步增加索引值即可，即"数组名称[索引值 1，索引值 2，…，索引值 n]"或者"数组名称[索引值 1][索引值 2]…[索引值 n]"。

2. 列表索引

列表索引常用于二维及以上维度的数组，用于读取多行或多列元素值。读取多行元素值的形式为"数组名称[[索引值 m，索引值 n]，:]"，表示获取第 $m-1$ 至 $n-1$ 行的所有元素值(首行为第 0 行、首列为第 0 列)；读取多列元素值的形式为"数组名称[:，[索引值 m，索引值 n]]"，表示获取第 $m-1$ 至 $n-1$ 列的所有元素值。

代码示例如下：

```
import numpy as np
Array = np.array([[1, 2, 3], [4, 5, 6], [7, 8, 9]])    # 创建一个 3×3 的二维数组 Array
print(Array[[0, 1], :])        # 获取 Array 第 1、第 2 行的元素值
>>>
[[1 2 3]
 [4 5 6]]
print(Array[:, [0, 1]])        # 获取 Array 第 1、第 2 列的元素值
>>>
[[1 2]
 [4 5]
 [7 8]]
```

若想同时获取多行和多列元素值，则索引形式为"数组名称[[索引值 m，索引值 n]，:][:，[索引值 p，索引值 q]]"，表示同时获取数组第 $m-1$ 至 $n-1$ 行、第 $p-1$ 至 $q-1$ 列的所有元素值。

代码示例如下：

```
import numpy as np
Array = np.array([[1, 2, 3], [4, 5, 6], [7, 8, 9]])
print(Array[[0, 1],:][:, [0, 1]])    # 获取 Array 第 1 行上第 1~2 列的元素值、第 2
行上第 1~2 列的元素值
>>>
[[1 2]
 [4 5]]
```

3.2.4 数值精度的调整

数值精度的调整主要指调整数组中元素的有效数位等。

1. around/round() 函数

函数 around()和 round() 用于将数组元素四舍五入至规定小数位数，调用格式为：

```
np. around（Array, n）
np. round（Array, n）
```

其中，Array 即指定数组，n 表示小数位数，默认值为 0。

代码示例如下：

```
import numpy as np
Array = np. array（[[1.11, 2.1], [3.14, 5.66666]]）
print（np. around（Array, 2））        ♯ 规定保留 2 位小数
>>>
[[1.11  2.1  ]
 [3.14  5.67]]
```

值得注意的是，由上述示例中第 1 行第 2 列元素可知，若元素小数位数不足规定的数字，则不会自动在数字尾部补 0。

2. rint() 函数

函数 rint() 用于将数组元素四舍五入取整数，即规定小数位数为 0，调用格式为：

```
np. rint（Array）
```

代码示例如下：

```
import numpy as np
Array = np. array（[[1.11, 2.1], [3.14, 5.66666]]）
print（np. rint（Array））
>>>
[[1. 2.]
 [3. 6.]]
```

3. fix() 函数

函数 fix() 用于将数组元素取整数，该函数与函数 rint() 不同之处在于所取整数为最接近 0 的整数，因此对于某些数值范围并非执行四舍五入而是向上或向下取整。函数 fix() 的调用格式为：

```
np. fix（Array）
```

代码示例如下：

```
import numpy as np
Array = np. array ([[1.11，−2.1]，[3.14，−5.66]])
print (np. rint (Array))        ♯ 直接四舍五入取整数
>>>
[[ 1. −2.]
 [ 3. −6.]]
print (np. fix (Array))         ♯ 四舍五入取接近 0 的整数
>>>
[[ 1. −2.]
 [ 3. −5.]]
```

4. floor ( ) 函数

函数 floor（）用于将数组元素向下取整，调用格式为：

```
np. floor (Array)
```

代码示例如下：

```
import numpy as np
Array = np. array ([[1.11，−2.1]，[3.14，−5.66]])
print (np. floor(Array))
>>>
[[ 1. −3.]
 [ 3. −6.]]
```

5. ceil ( ) 函数

函数 ceil（）用于将数组元素向上取整，调用格式为：

```
np. ceil (Array)
```

代码示例如下：

```
import numpy as np
Array = np. array ([[1.11，−2.1]，[3.14，−5.66]])
print (np. ceil(Array))
>>>
[[ 2. −2.]
 [ 4. −5.]]
```

6. trunc ( ) 函数

函数 trunc（）用于截断取整，即直接抹除元素值的小数部分，调用格式为：

```
np. trunc (Array)
```

代码示例如下：

```
import numpy as np
Array = np.array ([[1.11, −2.1], [3.14, −5.66]])
print (np.trunc(Array))
>>>
[[ 1. −2.]
 [ 3. −5.]]
```

3.2.5 数组元素的修改

可通过数组索引指定需要修改的元素，并使用赋值符号"＝"为该元素赋新值。
代码示例如下：

```
import numpy as np
Array = np.array ([[1, 2, 3], [4, 5, 6], [7, 8, 9]])
print (Array)
>>>
[[1 2 3]
 [4 5 6]
 [7 8 9]]
Array[1, 1] = 0        ♯ 将二维数组 Array 中第 2 行、第 2 列的元素修改为 0
print (Array)
>>>
[[1 2 3]
 [4 0 6]
 [7 8 9]]
```

当需要替换 numpy 二维数组中大于预设阈值的所有元素值时，最简单的方法是直接遍历。例如，将所有大于 5 的元素值均替换为−9 999。

1. 提取二维数组的行列数

```
shape = array.shape
```

2. 遍历二维数组的每个元素

```
for i in range (0, shape[0]):
    for j in range (0, shape[1]):
```

3. 条件语句判断每一个元素是否大于阈值，若是，则将该元素值修改为−9 999

```
if array[i, j] >= 5：
    array[i, j]=−9999
```

完整代码示例如下：

```
import numpy as np
array = np.array([[1, 2, 3], [4, 5, 6], [7, 8, 9]])
shape = array.shape
for i in range(0, shape[0]):
    for j in range(0, shape[1]):
        if array[i, j] >= 5:
            array[i, j] = -9999
print(array)
>>>
[[    1     2     3]
 [    4 -9999 -9999]
 [-9999 -9999 -9999]]
```

上述过程存在简便算法，直接使用 numpy 的内置索引即可实现：

```
array[array>=5] = -9999
```

完整代码示例如下：

```
import numpy as np
array = np.array([[1, 2, 3], [4, 5, 6], [7, 8, 9]])
array[array>=5] = -9999
print(array)
>>>
[[    1     2     3]
 [    4 -9999 -9999]
 [-9999 -9999 -9999]]
```

3.2.6　数组的运算

1. 数组与数字的运算

数组与数字的运算是指数组中每个元素均与指定的数字进行运算，这些运算包括加、减、乘、除、整除、幂、取余等。本小节通过简单代码示例展示上述 7 种运算过程。

首先创建示例数组：

```
import numpy as np
Array = np.array([[1, 10], [20, 30]])
```

通过符号"+"进行加法运算：

```
print(Array+1)
>>>
[[ 2 11]
 [21 31]]
```

通过符号"－"进行减法运算：

```
print（Array－1）
>>>
[[ 0  9]
 [19 29]]
```

通过符号"＊"进行乘法运算：

```
print（Array＊10）
>>>
[[ 10 100]
 [200 300]]
```

通过符号"/"进行除法运算：

```
print（Array/10）
>>>
[[0.1 1. ]
 [2.  3. ]]
```

通过符号"//"进行整除运算：

```
print（Array//11）
>>>
[[0 0]
 [1 2]]
```

通过符号"＊＊"进行幂运算：

```
print（Array＊＊2）
>>>
[[   1 100]
 [400 900]]
```

通过符号"％"进行取余运算：

```
print（Array％4）
>>>
[[1 2]
 [0 2]]
```

上述各种运算可组合运用，运算符优先级为幂 ＞ 乘、除、整除、取余 ＞ 加、减：

```
print（（Array ＋ 10）＊＊2 / 100 ＋ 1）
>>>
[[ 2.21  5. ]
 [10.   17. ]]
```

2. 数组的函数运算

数组运算中常使用的数学函数有 abs（）、reciprocal（）、exp（）、exp2（）、power（）、log（）、log2（）、log10（）等。

函数 abs（）用于对数组元素取绝对值，调用格式为：

```
np. abs（Array）
```

代码示例如下：

```
import numpy as np
Array = np. array（[[1.11，−2.1]，[3.14，−5.66]]）
print（np. abs(Array)）
>>>
[[1.11 2.1 ]
 [3.14 5.66]]
```

函数 reciprocal（）用于对数组元素求倒数，调用格式为：

```
np. reciprocal（Array）
```

当数组中元素是浮点型时，求倒数后结果也是浮点型；当数组中元素是整型时，求倒数后的结果也是整型。

代码示例如下：

```
import numpy as np
Array = np. array（[[1.0，−2.0]，[3.0，−4.0]]）        ＃ 数组元素为浮点型
print（np. reciprocal（Array））
>>>
[[ 1.          −0.5]
 [ 0.33333333 −0.25]]
Array = np. array（[[1，−2]，[3，−4]]）               ＃ 数组元素为整型
print（np. reciprocal（Array））
>>>
[[1 0]
 [0 0]]
```

函数 exp（）用于对数组元素求指数，指数的底数为 e，调用格式为：

```
np. exp（Array）
```

代码示例如下：

```
import numpy as np
Array = np. array（[[1，2]，[3，4]]）
print(np. exp(Array))
>>>
[[ 2.71828183  7.3890561 ]
 [20.08553692 54.59815003]]
```

函数 exp2（）用于对数组元素求指数，指数的底数为 2，调用格式为：

np. exp2（Array）

代码示例如下：

```
import numpy as np
Array = np. array（[[1, 2], [3, 4]]）
print（np. exp2（Array））
>>>
[[ 2.    4.]
 [ 8. 16.]]
```

函数 power（）用于对数组元素求指数，调用格式为：

np. power（n, Array）

其中，*n* 表示指数的底数，Array 表示目标数组。

代码示例如下：

```
import numpy as np
Array = np. array（[[1, 2], [3, 4]]）
print（np. power（10, Array））
>>>
[[   10   100]
 [ 1000 10000]]
```

函数 log（）用于对数组元素求对数，对数的底数为 e，调用格式为：

np. log（Array）

代码示例如下：

```
import numpy as np
Array = np. array（[[1, 2], [3, 4]]）
print（np. log(Array)）
>>>
[[0.         0.69314718]
 [1.09861229 1.38629436]]
```

函数 log2（）用于对数组元素求对数，对数的底数为 2，调用格式为：

np. log2（Array）

代码示例如下：

```
import numpy as np
Array = np. array（[[2, 4], [8, 16]]）
print（np. log2（Array））
>>>
[[1. 2.]
 [3. 4.]]
```

函数 log10（）用于对数组元素求对数，对数的底数为 10，调用格式为：

np. log10（Array）

代码示例如下：

```
import numpy as np
Array = np. array（[[1，10]，[100，1000]]）
print（np. log10（Array））
>>>
[[0. 1.]
 [2. 3.]]
```

3. 数组间的运算

数组间的运算是指由两个或多个数组参与的运算。本节只介绍具有相同形状（shape）的数组间运算，即运算针对数组相同位置的元素。数组间的运算同样支持加、减、乘、除、整除、幂、取余等操作。通过简单代码示例展示上述 7 种运算过程。

```
import numpy as np
A = np. array（[[1，10]，[100，1000]]）
B = np. array（[[0，1]，[2，3]]）
```

加法符号"＋"实现的数组间运算：

```
print（A＋B）
>>>
[[   1   11]
 [ 102 1003]]
```

减法符号"－"实现的数组间运算：

```
print（A－B）
[[  1   9]
 [ 98 997]]
```

乘法符号"＊"实现的数组间运算：

```
print（A ＊ B）
>>>
[[   0   10]
 [ 200 3000]]
```

幂符号"＊＊"实现的数组间运算：

```
print（A ＊ ＊ B）
>>>
[[          1          10]
 [     10000 1000000000]]
```

除法符号"/"实现的数组间运算：

```
import numpy as np
A = np. array ([[1, 10], [100, 1000]])
B = np. array ([[1, 2], [3, 4]])
print (A/B)
>>>
[[  1.           5.         ]
 [ 33. 33333333 250.        ]]
```

整除符号"//"实现的数组间运算：

```
print (A//B)
[[  1    5]
 [ 33 250]]
```

取余符号"%"实现的数组间运算：

```
print (A%B)
>>>
[[0 0]
 [1 0]]
```

4. 数组元素归一化

数组元素归一化是数组运算的一种应用。归一化(normalization)是一种常见的数据处理方法，通常指将一组数据的数值范围转换为 0～1。常见公式如下：

$$X' = \frac{X - \min}{\max - \min}$$

其中，X' 为归一化结果，X 为数组元素，max 和 min 表示数组中的最大、最小值。

代码格式如下：

```
Array _ normal = (Array − Array. min()) / (Array. max() − Array. min())
```

其中，Array _ normal 表示归一化后的数组，Array 表示归一化前的数组，Array. min()和 Array. max()表示 Array 数组中元素的最小值和最大值。

代码示例如下：

```
import numpy as np
Array = np. array([[1, 5, 3], [4, 2, 6]])
Array _ normal = (Array − Array. min()) / (Array. max() − Array. min())
print(Array _ normal)
>>>
[[0.  0.8 0.4]
 [0.6 0.2 1. ]]
```

3.2.7 数组的文本文件读写

数组的文本文件读写有将 numpy 数组保存至文本文件(. txt 或 . asc)和从文本文件

中读取 numpy 数组两种方法。

1. 将 numpy 数组保存至文本文件

numpy 中的函数 savetxt（）可用于将数组保存至文本文件中（注意仅适用于当数组维度为 1 或 2 的情况），函数调用格式如下：

```
np. savetxt（fname，array，fmt='%.18e'，delimiter=' '，newline='\n'，header=''，
footer=''，comments='# '）
```

savetxt（）函数中各参数的含义如表 3-7 所示。

表 3-7　savetxt（）函数中各参数的含义

参数	含义
fname	包含文件路径和文件名的字符串
array	需要输出的数组，注意仅限一维和二维数组
fmt	数组元素在文本文件中的格式，默认为 '%.18e'，表示使用科学计数法并保留 18 位小数。其他选项包括 '%d'（表示十进制整数）和'%.2f'（使用浮点数格式，保留两位小数）
delimiter	相邻列的数组元素在文本文件中的分隔符，默认值为空格
newline	相邻行的数组元素在文本文件中的分隔符，默认值为换行符 '\n'
header	在头文件写入的字符串，默认值为空
footer	在文件末尾写入的字符串，默认值为空
comments	如果文件有 header 或 footer，写入 header 或 footer 前的字符串（起注释说明等作用），默认值为'#'

代码示例如下：

```
import numpy as np
a = np. zeros（（3，3））        # 创建一个3×3的全零数组
fname = r"D：\x\Python _ test \test\narray. txt"
np. savetxt（fname，a）        # 将数组保存在指定路径下的 .txt 文件中
```

输出的文件内容如图 3-7 所示。

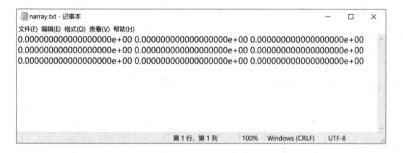

图 3-7　保存在文本文件中的二维数组示例

2. 从文本文件中读取 numpy 数组

numpy 中的函数 loadtxt（）用于从文本文件中读取数组，函数调用格式为：

Array ＝ np. loadtxt（fname，dtype＝＜class 'float'＞，comments＝'＃'，delimiter＝None，skiprows＝0，usecols＝None）

loadtxt（）函数的输入和输出如表 3-8 所示。

表 3-8　loadtxt（）函数的输入和输出

参数	含义	返回
fname	包含所读取的文件路径和文件名的字符串	numpy 数组
dtype	指定加载为数组后的数组元素类型，默认值为浮点型数字	
comments	字符串，若文件的开头或末尾有该字符串，则读取文件内容时跳过有该字符串的行，默认值为'＃'	
delimiter	相邻列的数组元素在文本文件中的分隔符，默认值为空	
skiprows	表示读取文件内容时从首行开始跳过的行数，默认值为 0	
usecols	整型数字、列表或元组，表示读取文件内容的指定列。若为整型数字，则读取某一列；若为列表或元组，则读取列表或元组中数字所对应的多列	

代码示例如下：

```
import numpy as np
fname = r "D：\ x \ Python _ test \ test \ narray. txt"
a = np. loadtxt（fname）   ＃ 将上小节以 txt 格式保存到指定路径的 3×3 全零数组加载为数组
print(a)
＞＞＞
[[0. 0. 0.]
 [0. 0. 0.]
 [0. 0. 0.]]
```

3.3　栅格数据文件的读写

实现读写栅格数据功能的模块通常有 gdal 和 ArcPy。

1. gdal

gdal 全称 geospatial data abstraction library，是一个处理栅格数据和矢量数据的库。gdal 由开源地理空间基金会（Open Source Geospatial Foundation，OSGeo）发布，当前最新版本为 2022 年 3 月发布的 gdal 3.4.2。gdal 可支持所有主流格式栅格数据的读取，也支持矢量数据，并提供用于处理这些数据的方法和函数。gdal 是当前主流

GIS 软件进行数据处理的底层开发工具,这些软件包括 ArcGIS、GeoDa、Google Earth、QGIS 等。同时,gdal 可在多种操作系统运行,包括 Linux、MacOS、Windows、Android。gdal 同时支持 32 位和 64 位架构。

2. ArcPy

ArcPy 全称为 ArcGIS Python,由 ArcGIS 的开发商美国环境系统研究所公司(Environmental Systems Research Institute,Inc.)发布,是一种基于 Python 语言实现 ArcGIS 工具的库,最早集成于 ArcGIS 9.0 版本中。ArcPy 提供了大量与 ArcGIS 工具实现功能相同的地理数据处理、分析与管理的函数。目前 ArcPy 能够应用于 ArcGIS Desktop 9.0 及以上版本和 ArcGIS Pro 中。

本节将以 gdal 为例,介绍如何使用 Python 语言读写栅格数据。

3.3.1 栅格数据的文件打开

使用 gdal 中的 Open()函数打开栅格数据文件。Open()函数的调用格式为:

```
gdal. Open (Filename,eAccess)
```

Open()函数在使用前增加了前缀"gdal.",意味着是从 gdal 库中调用的 Open()函数。增加库名前缀的原因是 Open()函数是封装在 gdal 库中的一个函数,gdal 库又是 Python 的第三方模块,因此只有在使用函数前增加库名的前缀,才可使用该函数。

Open()函数的输入和输出如表 3-9 所示。

表 3-9 **Open()函数的输入和输出**

参数	含义	返回
Filename	包含文件路径和文件名的字符串	返回有两种情况:
eAccess	文件打开模式,可从 GA_ReadOnly 或 GA_Update 选择其一,分别表示"对数据的只读操作""对数据的更新操作(包括读写)"	· 返回指定文件 Filename 的句柄(handle,通过文件的句柄可以操作文件); · 返回空值(NULL),表示文件访问失败,无法打开目标数据文件

代码示例如下:

```
import gdal                                    # 导入 gdal 库
dataset = gdal. Open (r"D:\ dem. tif", gdal. GA_ReadOnly)   # 打开栅格数据
```

3.3.2 栅格数据的信息读取

栅格数据信息包括文件格式、行列数(以像素为单位)、波段数、坐标系、空间分辨率、像素值等。如果栅格数据是多波段的(如多/高光谱遥感影像),部分信息还可以分波段读取。

1. 读取文件格式

gdal 对栅格数据文件格式的读取通过 GetDriver()方法实现,调用格式为:

```
dataset. GetDriver (). NameType
```

GetDriver（）方法的前缀 dataset 是指向已打开文件的变量，即上一节的"句柄"，可根据实际情况替换变量名。NameType 用于规定返回栅格数据文件格式的名称长度，可替换的选项有 LongName（长名称）和 ShortName（短名称）。长名称和短名称是 gdal 中命名栅格数据文件格式的两种方式，如表 3-10 所示。

表 3-10　gdal 中栅格数据的短名称和长名称

短名称	长名称
AAIGrid	Arc/Info ASCII Grid
GIF	Graphics Interchange Format
GTiff	GeoTIFF
HFA	Erdas Imagine Images
JPEG	JPEG
ENVI	ENVI . hdr Labelled
PNG	Portable Network Graphics

栅格数据文件格式的短名称代码示例如下：

print（dataset. GetDriver（）. ShortName）　　♯ 输出数据文件格式的短名称

栅格数据文件格式的长名称代码示例如下：

print（dataset. GetDriver（）. LongName）　　♯ 输出数据文件格式的长名称

示例代码的读取结果分别如图 3-8、图 3-9 所示，显示示例栅格数据的文件格式的短名称为 GTiff、长名称为 GeoTIFF。

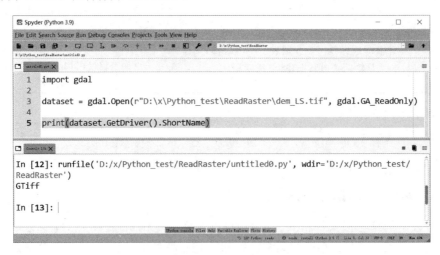

图 3-8　读取文件格式的短名称

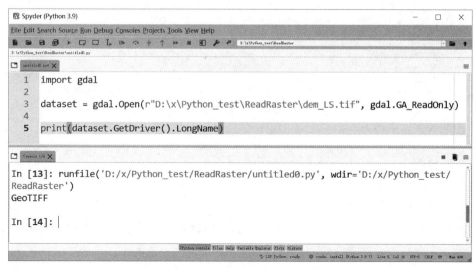

图 3-9　读取文件格式的长名称

2. 读取栅格数据的行列数和波段数

读取栅格数据的行列数和波段数可使用属性 RasterXSize、RasterYSize、Raster-Count 实现，三者的功能分别为：

(1)RasterXSize：读取栅格数据的列数（x 方向的像素个数）。

(2)RasterYSize：读取栅格数据的行数（y 方向的像素个数）。

(3)RasterCount：读取栅格数据的波段数。

RasterXSize、RasterYSize、RasterCount 的调用格式为：

```
dataset. RasterXSize
dataset. RasterYSize
dataset. RasterCount
```

代码示例如下：

```
print ("Size is {} x {} x {}". format (dataset. RasterXSize,      # 输出栅格数据的列数
                             dataset. RasterYSize,      # 输出栅格数据的行数
                             dataset. RasterCount))     # 输出栅格数据的波段数
```

读取结果如图 3-10 所示，示例栅格数据的列数、行数和波段数分别为 512、512、1。

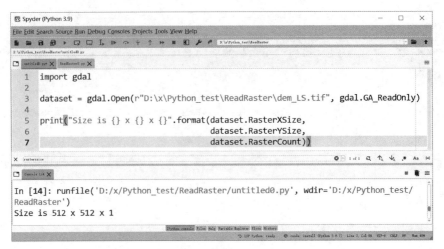

图 3-10　读取栅格数据的行数、列数、波段数

3. 读取栅格数据的坐标系信息

读取栅格数据的坐标系信息使用的方法为 GetProjection（），调用格式为：

dataset. GetProjection（）

gdal 对坐标系的表达来自由开放地理空间联盟（Open Geospatial Consortium）定义的坐标参考系的已知文本表示法（Well-known text representation of coordinate reference systems，WKT）。WKT 用文本的形式描述坐标系信息，不仅描述了投影坐标系名称，还描述了坐标系的基准（在显示的信息中用 DATUM[]表示）、本初子午线（在显示的信息中用 PRIMEM[]表示）和计量单位（在显示的信息中用 UNIT[]表示）等信息。

代码示例如下：

print（"Projection is {}". format（dataset. GetProjection（）））　♯ 输出栅格数据的坐标系信息

读取结果如图 3-11 所示，显示示例栅格数据的投影坐标系为"WGS 84/UTM zone 11N"，其他坐标信息如图 3-11 所示。

图 3-11　读取栅格数据坐标系的返回信息

4. 读取栅格数据左上角的角点坐标和空间分辨率

使用 GetGeoTransform（）方法可读取栅格数据左上角的角点坐标和空间分辨率信息。需要注意的是，gdal 允许横轴方向和纵轴方向具有不同的空间分辨率。GetGeo-Transform（）方法的调用格式为：

geotransform ＝ dataset. GetGeoTransform（）

其中 geotransform 是元组型返回值，共包括 6 个元素，具体如下：

（1）geotransform［0］：栅格数据左上角点的横坐标。

（2）geotransform［1］：栅格数据在横轴方向的空间分辨率（也可理解为像素宽度）。

（3）geotransform［2］：栅格数据横轴方向与东西方向的夹角度数。当栅格数据的方向正好为"左西、右东"的对应关系时，该夹角度数等于零。

（4）geotransform［3］：栅格数据左上角点的纵坐标。

（5）geotransform［4］：栅格数据纵轴方向与南北的夹角度数。当栅格数据的方向正好为"上北、下南"的对应关系时，该夹角度数等于零。

（6）geotransform［5］：绝对值为栅格数据在纵轴方向的空间分辨率（也可理解为像素高度）。通常为负数，表示纵轴指向正南方向，但绝对值通常等于横轴方向的空间分辨率。

代码示例如下：

```
geotransform ＝ dataset. GetGeoTransform（）
if geotransform：
    print（geotransform[0]，geotransform[3]）
    print（geotransform[1]，geotransform[5]）
    print（geotransform[2]，geotransform[4]）
```

读取结果如图 3-12 所示，显示示例栅格数据的左上角点的横、纵坐标分别为453 595. 139 398 290 2、3 457 874.732 456 105 3，像素宽度和高度均为 1 000，栅格数据的横轴方向与东西方向平行、纵轴方向与南北方向平行。

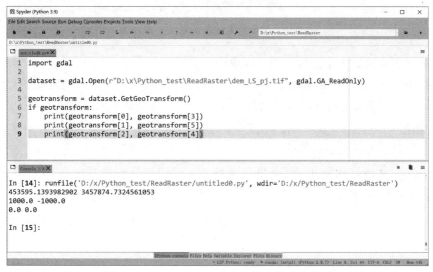

图 3-12　GetGeoTransform（）方法的返回结果

5. 读取指定波段的最值

在读取不同波段上的信息前，需要指定读取栅格数据是哪一波段，实现方法是 Ge-tRasterBand（），调用格式为：

band ＝dataset. GetRasterBand（num）

其中，num 表示读取的指定波段。

读取指定波段的最值时使用 GetMinimum（）和 GetMaximum（）方法。其中，前者用于获取最小值，后者用于获取最大值。

代码示例如下：

min ＝ band. GetMinimum（）　　# 获取所读取波段数据的最小值并赋予 min
max ＝ band. GetMaximum（）　　# 获取所读取波段数据的最大值并赋予 max
print（"Min ＝ {：.3f}，Max ＝ {：.3f}". format（min，max））　　# 将结果输出

读取结果如图 3-13 所示。

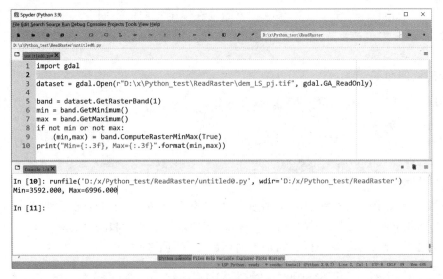

图 3-13　读取指定波段的最大、最小值

6. 读取栅格数据中指定行、列范围中的像素值

使用 ReadAsArray（）函数可按块(指定行、列范围)读取栅格数据中的值。该方法既可以用于栅格数据，也可以用于栅格数据的单个波段，具体调用格式为：

dataset. ReadAsArray（xoff，yoff，xsize，ysize）
或 band. ReadAsArray（xoff，yoff，xsize，ysize）

其中，dataset 是指栅格数据（单波段或多波段），band 是指栅格数据中的特定波段。ReadAsArray（）函数的输入和输出如表 3-11 所示。

表 3-11　**ReadAsArray ( ) 函数的输入和输出**

参数	含义	返回
xoff	指定范围左上角的列号	指定行、列范围中的像素值（波段数与输入数据相同），形式为 numpy 数组
yoff	指定范围左上角的行号	
xsize	指定范围的列宽	
ysize	指定范围的行宽	

　　虽然 ReadAsArray ( ) 函数的功能是读取指定行、列范围中的像素值，但其通常用于读取栅格数据（或栅格数据波段）中的全部像素值。在这种情况下，xoff 和 yoff 参数分别被设置为第 0 列和第 0 行，xsize 和 ysize 参数分别被设置为栅格数据或栅格数据波段的总列数和总行数。

　　代码示例如下：

```
from osgeo import gdal
dataset = gdal. Open (r"D:\ x \ Python _ test \ 直方图 \ test. tif")
img _ w = dataset. RasterXSize                    # 查询栅格数据的总列数
img _ h = dataset. RasterYSize                    # 查询栅格数据的总行数
img _ data = dataset. ReadAsArray (0, 0, img _ w, img _ h)  # 读取完整栅格数据的像素值
part _ data = dataset. ReadAsArray (0, 1, 2, 2)   # 读取部分栅格数据的像素值
```

　　在上例中，ReadAsArray ( ) 函数的作用对象 dataset 是单波段栅格数据 test. tif，该文件中存储了 3 行 3 列的像素值，如图 3-14 所示。运行结果中，img _ data 变量和 part _ data 变量的值也均为单波段栅格数据，分别如图 3-15、图 3-16 所示。

图 3-14　图像 test. tif 的值　　　图 3-15　变量 img _ data 的值　　图 3-16　变量 part _ data 的值

　　当 ReadAsArray ( ) 函数的作用对象 dataset 是多波段栅格数据时，返回结果也将是多波段栅格数据。以图 3-17 所示的图像 test _ band3. tif 为例，该图像具有 3 个波段。

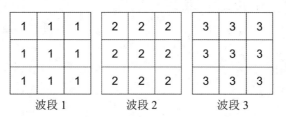

图 3-17　图像 test _ band3. tif 的值

代码示例如下：

```
from osgeo import gdal
dataset =gdal. Open (r"D：\ x \ Python _ test \ OutputRaster \ test _ band3. tif")
img _ w = dataset. RasterXSize              # 查询栅格数据的总列数
img _ h = dataset. RasterYSize              # 查询栅格数据的总行数
img _ data = dataset. ReadAsArray (0，0，img _ w，img _ h)# 读取完整栅格数据
print (img _ data)
>>>
[[[1 1 1]
  [1 1 1]
  [1 1 1]]
 [[2 2 2]
  [2 2 2]
  [2 2 2]]
 [[3 3 3]
  [3 3 3]
  [3 3 3]]]
part _ data = dataset. ReadAsArray (0，1，2，2)      # 读取部分栅格数据
>>>
[[[1 1]
  [1 1]]
 [[2 2]
  [2 2]]
 [[3 3]
  [3 3]]]
```

当原始数据是多波段栅格数据，但仅想提取"特定"波段中指定行、列范围中的像素值时，示例代码如下。此时使用的演示数据为上例中的多波段栅格数据 test _ band3. tif。

```
from osgeo import gdal
dataset =gdal. Open (r"D：\ x \ Python _ test \ OutputRaster \ test _ band3. tif")
img _ w = dataset. RasterXSize                # 查询栅格数据的总列数
img _ h = dataset. RasterYSize                # 查询栅格数据的总行数
band = dataset. GetRasterBand (2)             # 获取栅格数据的指定波段
img _ data = band. ReadAsArray (0，0，img _ w，img _ h)# 读取指定波段的全部像素值
part _ data = band. ReadAsArray (0，1，2，2)       # 读取指定波段的部分像素值
print (img _ data)
>>>
```

```
[[2 2 2]
 [2 2 2]
 [2 2 2]]
print（part_data）
>>>
[[2 2]
 [2 2]]
```

3.3.3　栅格数据的文件输出

栅格数据可以是简单的单波段数据，也可以是多波段的，因此本节将依次介绍如何输出单波段和多波段的栅格数据，输出的文件格式为最常用的 GeoTIFF（缩写为 GTiff、文件后缀为“.tif”）格式。然后，介绍如何输出为其他格式（如“.img”和“.png”）的栅格数据文件。

本节所介绍的所有输出操作，均依赖于以下第三方模块的功能：gdal 和 numpy。因此，需先导入这些第三方模块。为使代码简洁，将“numpy”缩写为“np”。

```
from osgeo import gdal      # 导入第三方模块 gdal
import numpy as np          # 导入第三方模块 numpy，并简称 np
```

1. 将单波段栅格数据输出为 GTiff 文件

将单波段栅格数据输出为 GTiff 文件的基本思想是将数据整理为 numpy 模块中的数组，并使用 gdal 模块中的“驱动程序”（英文为 driver，在 gdal 中 driver 的功能是读写指定格式的文件，每种被 gdal 支持的格式都有对应的 driver）实现数组的输出。详细步骤如下：

首先，根据欲输出的栅格数据文件格式的短名称（此处为 GTiff），在 gdal 模块中找到对应的驱动程序。这些文件格式的短名称可具体参考 gdal 官方使用文档（https://gdal.org/drivers/raster/index.html）中“Raster drivers”表格的“Short name”栏。该步骤通过 GetDriverByName（）函数实现。

```
driver = gdal. GetDriverByName（"GTiff"）
```

其次，使用该驱动程序新建文件。使用 Create（）方法，方法的参数包括“文件全路径与文件名”（filepath）、行数（ysize）、列数（xsize）和波段数（bands）。

```
out_img = driver. Create（filepath，ysize，xsize，bands = 1）
```

在默认情况下，上述代码创建的文件支持多波段栅格数据的输出。由于此处的数据只是单波段的，因此只使用 out_img 中的第 1 个波段。

```
out_band = out_img. GetRasterBand（1）
```

与上述步骤可同步开展的工作是（也可在上述步骤之前开展），将拟输出的栅格数据整理为 numpy 模块中的数组。该工作使用 np. array（）函数实现。例如，当拟输出的栅格数据为如图 3-18 所示的 3×3 矩阵时，先将该矩阵写成 numpy 数组。

图 3-18　示例像素值矩阵

```
band_array = np. array ([[1, 2, 3], [4, 0, 4], [3, 3, 1]])
```

最后，将该 numpy 数组写入第 1 个波段（out_band）中。该功能通过波段的 Write-Array（）方法实现。

```
out_band. WriteArray (band_array)
```

至此，已经完成了所有的准备工作（准备好了 out_img 的所有设置）。接下来，只需要向文件 out_img 中写入具体的内容，可以使用 FlushCache（）方法实现。

```
out_img. FlushCache ()
```

在一切操作完成后，给 out_img 变量赋予空值，结束操作。

```
out_img = None
```

以输出如图 3-18 所示的 3×3 矩阵为例，完整代码示例如下：

```
from osgeo import gdal
import numpy as np
# 创建一个 3×3 的单波段 GTiff 格式的栅格数据文件
driver = gdal. GetDriverByName ("GTiff")
out_img = driver. Create ("D:/x/Python_test/OutputRaster/test_band1. tif",
                          ysize=3, xsize=3, bands=1)
# 将矩阵存入数据的第 1 波段
out_band = out_img. GetRasterBand (1)
band_array = np. array ([[1, 2, 3], [4, 0, 4], [3, 3, 1]])
out_band. WriteArray (band_array)# 将像素值矩阵存入第 1 波段
# 向栅格数据文件中写入内容并关闭
out_img. FlushCache ()
out_img = None
```

输出后，可以使用 ReadAsArray（）方法查看结果，验证输出是否正确。

```
from osgeo import gdal
# 打开新栅格数据 test_band1. tif
filepath = r'D: \ x \ Python_test \ OutputRaster \ test_band1. tif'
dataset = gdal. Open (filepath)
# 获取栅格数据的属性信息
```

```
img_width = dataset.RasterXSize        # 计算栅格数据的列数
img_height = dataset.RasterYSize       # 计算栅格数据的行数
data = dataset.ReadAsArray(0, 0, img_width, img_height)   # 读取栅格数据的每个
像素值
print(data)
>>> [[1 2 3]
     [4 0 4]
     [3 3 1]]
```

2. 将多波段栅格数据输出为 GTiff 文件

输出多波段栅格数据的方法与单波段大同小异，区别在于，此处需要将不同的 numpy 数组写入不同的波段中。例如，当拟输出的栅格数据为如图 3-19 所示的具有 3 个波段的 3×3 矩阵时，则需要将这 3 个矩阵写成 3 个 numpy 数组，并依次写到对应的波段（out_band）。

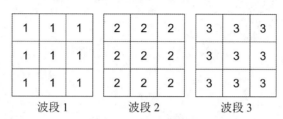

图 3-19　示例多波段像素值矩阵

完整代码示例如下：

```
from osgeo import gdal
import numpy as np
driver = gdal.GetDriverByName("GTiff")
out_img = driver.Create("D:/x/Python_test/OutputRaster/test_band3.tif",
                        ysize = 3, xsize = 3, bands = 3)
# 将第 1 个矩阵存储到第 1 波段
out_band = out_img.GetRasterBand(1)
band_array = np.array([[1, 1, 1], [1, 1, 1], [1, 1, 1]])
out_band.WriteArray(band_array)
# 将第 2 个矩阵存储到第 2 波段
out_band = out_img.GetRasterBand(2)
band_array = np.array([[2, 2, 2], [2, 2, 2], [2, 2, 2]])
out_band.WriteArray(band_array)
# 将第 3 个矩阵存储到第 3 波段
out_band = out_img.GetRasterBand(3)
band_array = np.array([[3, 3, 3], [3, 3, 3], [3, 3, 3]])
```

```
# 获取栅格数据的属性信息
out _ band. WriteArray (band _ array)
out _ img. FlushCache ()
out _ img = None
```

输出后，同样可以使用 ReadAsArray（）方法查看结果，验证输出是否正确。

```
from osgeo import gdal
# 打开新栅格数据 test _ band1. tif
filepath = r'D：\ x \ Python _ test \ OutputRaster \ test _ band1. tif'
dataset = gdal. Open (filepath)
# 获取栅格数据的属性信息
img _ width = dataset. RasterXSize        # 计算数据的列数
img _ height = dataset. RasterYSize       # 计算数据的行数
data = dataset. ReadAsArray (0, 0, img _ width, img _ height)    # 读取数据
print (data)
>>>
[[[1 1 1]
  [1 1 1]
  [1 1 1]]
 [[2 2 2]
  [2 2 2]
  [2 2 2]]
 [[3 3 3]
  [3 3 3]
  [3 3 3]]]
```

3. 将栅格数据输出为除 GTiff 格式外的其他文件

除 GTiff 格式外，gdal 还支持众多栅格数据文件格式的输出，如 JPEG（.jpg）、PNG（.png）、HFA（.img）等。在这些文件格式中，有部分格式的输出与 GTiff 格式大同小异，也有部分格式的输出需要在已有操作的基础上增加一步"转换"操作才可实现。

栅格数据的输出是否增加一步转换操作，取决于 gdal 是否支持该文件格式的创建（使用 Create（）方法）。支持的栅格数据文件格式可具体查看 gdal 官方使用文档（https：//gdal. org/drivers/raster/index. html）中"Raster drivers"表格的"Creation"栏。若目标文件格式在该栏标注为"Yes"，则 gdal 支持创建该文件格式的栅格数据；若标注为"No"，则 gdal 不支持创建该文件格式的栅格数据。

对于 gdal 支持创建的文件格式，与输出 GTiff 格式的区别有二。首先，需要将拟输出的文件格式读写到"驱动程序"中。例如，当拟输出 HFA 文件时，代码示例如下：

```
driver = gdal. GetDriverByName ("HFA")
```

其次，修改输出的文件名后缀。例如，指定输出 HFA 文件的名称需要以".img"作

为文件名后缀。

现在以输出 HFA 格式的栅格数据为例，完整代码示例如下：

```
from osgeo import gdal
import numpy as np
# 创建大小为 3×3 的单波段 HFA 格式的栅格数据文件
driver = gdal. GetDriverByName ("HFA")
out_img = driver. Create ("D:/x/Python_test/OutputRaster/test_band1.img",
                          ysize = 3, xsize = 3, bands = 1)

out_band=out_img. GetRasterBand (1)
band_array = np. array ([[1, 2, 3], [4, 0, 4], [3, 3, 1]])
out_band. WriteArray (band_array)
out_img. FlushCache ()
out_img = None
```

对于 gdal 不支持创建的文件格式，在上述操作的基础上需增加一步"转换"操作，将原文件格式转换为拟输出的文件格式，可以通过 Translate () 函数实现。

```
gdal. Translate (img_png, img_other, format = 'PNG')
```

其中，Translate () 函数的首个参数表示转换结果（全路径＋文件名），第二个参数表示转换来源（全路径＋文件名），第三个参数输入 gdal 支持的文件格式短名称。例如：

```
from osgeo import gdal
img_tif = 'test_band1.tif'
img_png = 'test_band1.png'
gdal. Translate (img_png, img_tif, format = 'PNG')
```

3.4　栅格数据的数值修改

栅格数据的数值指的是每个像素的属性值，像素属性值通常存储在 numpy 数组中、反映在 numpy 数组的元素值上。因此，修改栅格数据的数值可以通过修改存储栅格数据的 numpy 数组元素值的方式实现。

具体实现方法归纳为两步：首先，将指定栅格数据数值存储至 numpy 数组中；其次，根据目标对数组元素进行修改。

1. 将栅格数据存储至 numpy 数组

借助 gdal 模块中 Dataset 类的 ReadAsArray () 函数，可实现将栅格数据（指定波段）的像素值存储至 numpy 数组。对于 ReadAsArray () 函数的详细介绍和使用方法可参考 3.3.2 节。

2. 对数组元素进行修改

借助 numpy 数组的索引功能，可实现对数组指定元素的修改功能，该功能的详细介绍和使用方法可参考 3.2.5 节。

本节中，我们将运用上述技术知识，以青海省土地利用栅格数据为示例，根据指定要求修改栅格数据的数值。在演示之前，先简要介绍该土地利用栅格数据的背景知识，便于后续操作的理解。土地利用栅格数据中的土地类型包括耕地、林地、草地、水域、建设用地和未利用地共 6 个一级类型，将这 6 个一级类型继续细化可分为 25 个二级类型，二者的对应关系如表 3-12 所示。二级类型的编号、名称和含义可参考中国科学院地理科学与资源研究所资源环境科学与数据中心网站（https：//www. resdc. cn/data. aspx？ DATAID＝335）。

表 3-12　土地利用一级类型和二级类型的对应关系

一级类型		二级类型	
编号	名称	编号	名称
1	耕地	11	水田
		12	旱地
2	林地	21	有林地
		22	灌木林
		23	疏林地
		24	其他林地
3	草地	31	高覆盖度草地
		32	中覆盖度草地
		33	低覆盖度草地
4	水域	41	河渠
		42	湖泊
		43	水库坑塘
		44	永久性冰川雪地
		45	滩涂
		46	滩地
5	建设用地	51	城镇用地
		52	农村居民点
		53	其他建设用地

续表

一级类型		二级类型	
编号	名称	编号	名称
6	未利用地	61	沙地
		62	戈壁
		63	盐碱地
		64	沼泽地
		65	裸土地
		66	裸岩石质地
		67	其他

此例输入的数据为青海省土地利用图，此数据的土地类型属于二级类型。接下来，我们演示的操作是将二级类型修改为与之对应的一级类型，即将此栅格数据中每个像素的属性值进行修改。

首先，导入必要的第三方模块，并读取栅格数据。

```
from osgeo import gdal
import numpy as np
filepath = r'D：\ x \ Python _ test \ Reclass \ ld2015 _ qh. tif'
dataset = gdal. Open (filepath)
```

其次，将栅格数据存储至 numpy 数组，后续需要读取数据的背景值。

```
data _ width = dataset. RasterXSize      # 计算栅格数据的列数
data _ height = dataset. RasterYSize      # 计算栅格数据的行数
data = dataset. ReadAsArray (0，0，data _ width，data _ height)   # 读取栅格数据每个像
素值并存入一个指定长(img _ width)宽(img _ height)的 numpy 数组中
# 读取背景值
dataBand = dataset. GetRasterBand (1)
NoData = dataBand. GetNoDataValue ()
```

再次，通过 for 循环遍历数组元素，通过 if 语句设置修改数值的规则。

```
for i in range (0，data _ height)：
    for j in range (0，data _ width)：
# 二级类型在 10~20 的属于同一一级类型，将其数值修改为 0
        if data[i，j] >= 10 and data[i，j] <20 ：
            data[i，j] = 0
# 二级类型在 20~30 的属于同一一级类型，将其数值修改为 1
        elif data[i，j] >= 20 and data[i，j] <30 ：
            data[i，j] = 1
```

```
# 二级类型在30～40的属于同一一级类型，将其数值修改为2
        elif data[i, j] >= 30 and data[i, j] <40 :
            data[i, j] = 2
# 二级类型在40～50的属于同一一级类型，将其数值修改为3
        elif data[i, j] >= 40 and data[i, j] <50 :
            data[i, j] = 3
# 二级类型在50～60的属于同一一级类型，将其数值修改为4
        elif data[i, j] >= 50 and data[i, j] <60 :
            data[i, j] = 4
# 二级类型在60～70的属于同一一级类型，将其数值修改为5
        elif data[i, j] >= 60 and data[i, j] <70 :
            data[i, j] = 5
# 其他属性值即背景值，依然设置为背景值
        else：
            data[i, j] = NoData
```

最后，将修改后的数组 data 输出为新的栅格数据。

```
driver = gdal. GetDriverByName ("GTiff")
outdata = driver. Create (r'D：\ x \ Python _ test \ Reclass \ ld2015 _ qh _ reclass. tif',
                        ysize = data _ height, xsize = data _ width, bands = 1)
outband = outdata. GetRasterBand (1)
outband. WriteArray (data)
outband. SetNoDataValue (NoData)
outdata. FlushCache ()
outdata = None
```

修改数值后，栅格数据的土地类型从二级类型修改为 6 个一级类型。

3.5　矢量数据文件的读写

3.5.1　矢量数据文件的打开

使用第三方模块 ogr 中的 Open（）函数是打开矢量数据文件的常用方法。Open（）函数的调用格式为：

```
ogr. Open (Filename)
```

其中，Filename 为包含矢量数据文件路径和文件名的字符串。打开后的矢量数据将赋予一个对象，该对象类型为 ogr 模块的特有类型 DataSource。

代码示例如下：

```
from osgeo import ogr          # 导入 ogr 模块
file _ path = r'D: \ x \ Python _ test \ ReadShapefile \ Lhasa _ road. shp'
shp = ogr. Open (file _ path)  # 打开指定路径的矢量数据
```

3.5.2　矢量数据的信息读取

矢量数据信息可分为空间信息和非空间信息。空间信息反映在数据的空间位置和空间形状上。其中，数据所在的具体空间位置通常以坐标的形式呈现。非空间信息则主要呈现在属性表中，在矢量数据的属性表中，一行通常称为一个"要素"、一列通常称为一个"字段"，且每个字段具有其字段名称。本节将演示常见矢量数据信息的读取方法。

1. 读取矢量数据的要素个数

读取要素个数通过两步实现。第一步，获取矢量数据的要素信息。要素信息通过 DataSource () 类中的 GetLayer () 函数获取，调用格式为：

```
shapefile. GetLayer ()
```

其中，shapefile 为已经打开的矢量数据名称。返回类型为 ogr 模块的特有类型 Layer。Layer () 类中包含大量要素信息，这些信息可通过类中的指定函数获取。

第二步，使用 Layer () 类中的 GetFeatureCount () 函数获取要素信息中的要素个数。GetFeatureCount () 函数的调用格式为：

```
Layer. GetFeatureCount ()
```

函数返回一个整型数字，为矢量数据的要素个数。

代码示例如下：

```
from osgeo import ogr
file _ path = r'D: \ x \ Python _ test \ ReadShapefile \ Lhasa _ road. shp'
roads = ogr. Open (file _ path)       # 打开指定路径的矢量数据
layer = roads. GetLayer ()            # 获取矢量数据的要素信息
n = layer. GetFeatureCount ()         # 获取要素个数
print (n)
>>>
4541
```

查看示例所使用的矢量数据的属性表，如图 3-20 所示。从图中可以看到属性表的行数为 4 541，这意味着要素个数也为 4 541，上述代码查询正确。

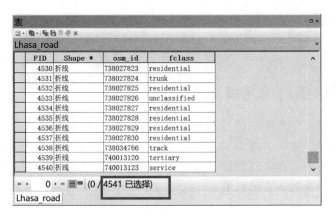

图 3-20　示例矢量数据属性表

2. 读取矢量数据的单个要素信息

当需要读取矢量数据某个要素的某个字段信息时，可通过三步实现：

第一步同样为使用 DataSource（）类中的 GetLayer（）方法获取矢量数据的要素信息，在此不再赘述。

第二步，通过 Layer（）类中的 GetFeature（）函数实现对属性表指定行的获取。GetFeature（）函数的调用格式为：

Layer. GetFeature（index）

其中，index 为指定读取要素的索引值，从 0 开始。返回类型为 ogr 模块的特有类型 Feature。

第三步，使用 Feature（）类中的 GetField（）函数获取指定行的指定字段信息。GetField（）函数的调用格式为：

Feature. GetField（ID _ name）

其中，ID _ name 为指定字段名称，为字符串类型。

代码示例如下：

```
from osgeo import ogr
file _ path = r 'D：\ x \ Python _ test \ ReadShapefile \ Lhasa _ road. shp'
roads = ogr. Open（file _ path）        # 打开指定路径的矢量数据
layer = roads. GetLayer（）            # 获取矢量数据的要素信息
feat = layer. GetFeature（0）          # 获取矢量数据第一行要素信息
fid = feat. GetField（'fclass'）       # 获取第一行、"fclass"字段的要素信息
print（fid）
>>>
trunk
```

查看示例所使用的矢量数据的属性表，其第一行、"fclass"字段的内容如图 3-21 所示，确实为 trunk。

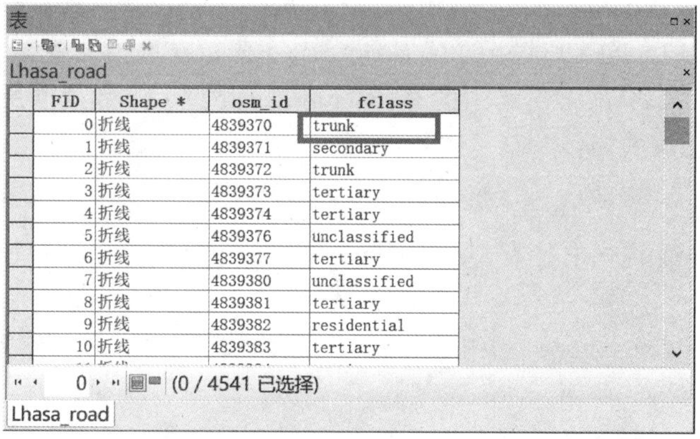

表

Lhasa_road

FID	Shape *	osm_id	fclass
0	折线	4839370	trunk
1	折线	4839371	secondary
2	折线	4839372	trunk
3	折线	4839373	tertiary
4	折线	4839374	tertiary
5	折线	4839376	unclassified
6	折线	4839377	tertiary
7	折线	4839380	unclassified
8	折线	4839381	tertiary
9	折线	4839382	residential
10	折线	4839383	tertiary

0　(0 / 4541 已选择)

Lhasa_road

图 3-21　示例矢量数据属性表第一行、“fclass”字段信息

3. 读取矢量数据所在空间范围

矢量数据所在空间范围通常以其最小外包矩形的顶点坐标值表示。此处将通过两步实现读取矢量数据所在空间范围：

第一步，获取矢量数据的要素信息。要素信息通过 DataSource () 类中的 GetLayer () 方法获取，方法不再赘述。

第二步，使用 Layer () 类中的 GetExtent () 函数可读取矢量数据最小外包矩形左下和右上两个点的横、纵坐标。GetExtent () 函数的调用格式为：

```
Layer. GetExtent ()
```

函数返回一个包含 4 个元素的元组。这 4 个元素按顺序分别为矢量数据所在空间左下角横坐标、右上角横坐标、左下角纵坐标、右上角纵坐标。

代码示例如下：

```
from osgeo import ogr
file_path = r 'D: \ x \ Python _ test \ ReadShapefile \ Lhasa _ road. shp'
roads = ogr. Open (file _ path)          # 打开指定路径的矢量数据
layer = roads. GetLayer ()               # 获取矢量数据的要素信息
extent = layer. GetExtent ()             # 读取左下角和右上角的坐标
print (extent)
>>>
(488407.91900784924, 751240.1298718515, 3236997.036657536, 3435705.525073314)
```

值得注意的是，此处读取的坐标值与矢量数据所设置的坐标系有关。若数据仅规定地理坐标系，则坐标值通常显示为经纬度；若数据规定了投影坐标系，那么坐标值则根据所规定的投影坐标系返回数据所在位置的横、纵坐标值。

4. 读取矢量数据的空间形状信息

以线状空间形状为例，线要素通常读取其“长度”信息。且长度信息通常针对的是矢量数据中的某个线要素长度，而非所有线要素长度。读取线要素矢量数据的长度信息通过以下四步实现。

第一步，使用 DataSource（）类中的 GetLayer（）方法获取矢量数据的要素信息。

第二步，使用 Layer（）类中的 GetFeature（）函数获取指定要素。

第三步，使用 Feature（）类中的 GetGeometryRef（）函数读取所指定要素的空间形状信息，其调用格式为：

Feature. GetGeometryRef（）

返回类型为 ogr 模块的特有类型 Geometry。Geometry（）类中包含许多获取空间形状信息的函数。

第四步，使用 Geometry（）类中的 Length（）函数获取指定线要素的长度。Length（）函数的调用格式为：

Geometry. Length（）

函数返回一个浮点型数字，为所指定要素的长度值。

代码示例如下：

```
from osgeo import ogr
file _ path = r 'D：\ x \ Python _ test \ ReadShapefile \ Lhasa _ road. shp'
roads = ogr. Open（file _ path）         # 打开指定路径的矢量数据
layer = roads. GetLayer（）              # 获取矢量数据的要素信息
feat = layer. GetFeature（0）            # 获取矢量数据第一行要素信息
geo = feat. GetGeometryRef（）           # 获取第一行要素的几何信息
length = geo. Length（）                 # 获取第一行要素几何信息中的长度信息
print（length）
>>>
984. 075554260581
```

第4章 栅格数据的空间分析

4.1 简单统计分析

4.1.1 像素值分布统计：直方图

直方图直观地展示了栅格数据像素值的频率分布，是统计分析中的常用手段。本节将介绍两种为栅格数据绘制直方图的方法。两种方法中，均以如图4-1所示的简单矩阵为栅格数据实例，该矩阵的尺寸为 3×3，共有 5 种像素值。

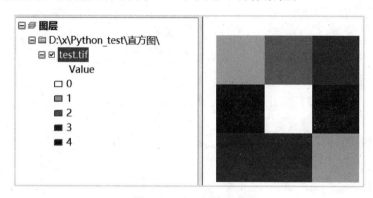

图 4-1 3×3 矩阵示例

1. 底层代码法

首先，导入必要的第三方模块，读取栅格数据中的信息。

```
from osgeo import gdal              # 导入 gdal
import numpy as np                 # 导入 numpy 模块，并简称 np
import matplotlib. pyplot as plt   # 导入 matplotlib. pyplot 模块，并简称 plt


# 读取栅格数据
dataset ＝gdal. Open（r"D：\ x \ Python _ test \ 直方图 \ test. tif"）
img _ width ＝ dataset. RasterXSize    # 计算栅格数据的列数
img _ height ＝ dataset. RasterYSize   # 计算栅格数据的行数
img _ data ＝ dataset. ReadAsArray（0，0，img _ width，img _ height）  # 读取栅格数据
print（img _ data. shape）             # 查看 img _ data 的行数与列数
>>>（3，3）
```

其次，将读取得到的像素值转换为数值升序的列表。

```
#遍历栅格数据的每一个像素并存储每一个像素值
hist = []                                # 创建一个空列表，令 hist 指向它
for i in range (img _ data. shape [0]):    # 循环行数
  for j in range (img _ data. shape [1]):# 循环列数
    hist. append (img _ data [i][j])       # 将 img _ data 的像素值存入一维 hist 列表
hist. sort ()                            # 将一维列表中的数值按从小到大的顺序进行排列
print (hist)
>>> [0, 1, 1, 2, 3, 3, 3, 4, 4]         # 此时 hist 指向的列表内容
```

再次，统计列表中的最大值和最小值。这些值将用于生成直方图，并作为直方图中直条（bin）的最大值和最小值。

```
#统计最大、最小值
hist = np. array (hist)                  # 将列表转换为 numpy 模块中的数组（array）
print (hist)
>>> [0 1 1 2 3 3 3 4 4]
print (hist. min (), hist. max ())        # 借助 numpy 中 array() 方法查询最值
>>> 0 4                                  # 分别为最小值和最大值
```

最后，设置直方图的直条、颜色、名称等并绘制直方图。Matplotlib 模块中的 pyplot 子模块是 Python 中最常用的绘图模块之一，其常见用法可参考 6.4.1 节。

```
#根据栅格数据中的最值设置坐标 x 轴的取值范围
bins = np. linspace (hist. min (), hist. max (), hist. max () − hist. min () + 1)# 依次规
定了直方图上第 1 个直条（bin）的横坐标、最后 1 个直条的横坐标，以及直条总数
plt. hist (hist, bins, facecolor = "blue")  # 绘制直方图并规定直方图颜色
plt. xlabel ('gray value')               # 规定横轴名称
plt. ylabel ('frequency')                # 规定纵轴名称
plt. title ('histogram')                 # 规定表头名称
plt. savefig ('. / test. jpg')            # 在输入数据的同一路径生成直方图的 .jpg 图片
plt. show ()
```

上述代码得到的直方图如图 4-2 所示。

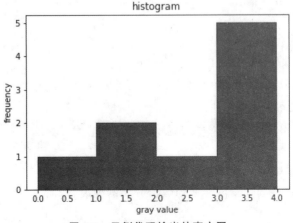

图 4-2 示例代码输出的直方图

2. GetHistogram（）方法

实际上，gdal 中已内置了"直方图"（返回结果并非"图"）的生成方法，即 GetHistogram（）方法，其调用格式为：

band. GetHistogram（dfmin, dfmax, nBuckets）

其中，band 是指栅格数据中的特定波段。

GetHistogram（）方法中参数的含义如表 4-1 所示。

表 4-1　GetHistogram（）方法中参数的含义

参数	含义
dfmin	指定直方图的最小值
dfmax	指定直方图的最大值
nBuckets	指定直方图直条总数

在实际使用时，dfmin 应略小于栅格数据的最小值，dfmax 应略大于栅格数据的最大值。这是因为 GetHistogram（）方法中所规定的数值均为"开区间"，即如果设置直方图的最小值与栅格数据的最小值一致，所返回的直方图结果将无法统计到该数值的频率。

同样以如图 4-1 所示的 3×3 矩阵为例，代码示例如下：

```
from osgeo import gdal
dataset = gdal. Open（r"D：\ x \ Python _ test \ Histogram \ test. tif"）
band = dataset. GetRasterBand（1）
hist = band. GetHistogram（-0.5, 5, 5）　 # 指定直方图的最小值、最大值和直条总数
print（hist）
>>> [1, 2, 1, 3, 2]
```

注意，GetHistogram（）方法仅能获取上述列数，用户可基于列表继续绘图。

4.1.2　像素值的统计值

当要对已有栅格数据（实际是针对栅格数据的波段）中像素值进行简单的统计分析（如求平均值、标准差等）时，可以使用 gdal 中 ComputeStatistics（）方法。ComputeStatistics（）方法将返回一个包含波段数据简单统计指标（具体为最小值、最大值、平均值和标准差）的列表，调用格式为：

band. ComputeStatistics（bool）

其中，bool 表示是否对数据抽样统计，使用时应替换为 True(1)或 False(0)。其中，True 或 1 表示对数据进行抽样统计，False 或 0 表示不进行抽样统计（即统计波段上的所有像素值）。

同样以如图 4-1 所示的 3×3 矩阵为例，计算该数据的简单统计指标，代码示例如下：

```
from osgeo import gdal
dataset = gdal. Open (r"D: \ x \ Python _ test \ Histogram \ test. tif")
band = dataset. GetRasterBand (1)
statistics = band. ComputeStatistics (False)    ♯ 计算示例数据的简单统计指标
print (statistics)
>>> [0.0, 4.0, 2.3333333333333335, 1.3333333333333333]    ♯ 分别为示例数据的最
小值、最大值、平均值和标准差
```

4.2 分辨率变换

4.2.1 主题分辨率变换：重分类

主题分辨率是指一幅栅格数据中像素值的类别数。主题分辨率的常见变换方式是栅格数据的重分类。重分类是指从类别尺度上对栅格数据的像素值进行修改，能够实现类别数增加或减少的效果（主题分辨率提升或降低）；特殊情况下，也可进行仅修改类别标签、不更改类别数的操作。其具体解释如下：

（1）实现类别的减少是指将两类（多类）像素值合并为一类。例如，在一幅具有林地（像素值1）、草地（像素值2）和建设用地（像素值3）的土地利用栅格数据中，将林地和草地合并为自然用地（像素值为0），那么重分类功能可实现将数据中所有等于1和等于2的像素值调整为0，如图4-3所示。

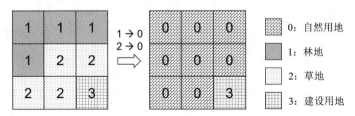

图 4-3 重分类功能示例 1

（2）仅修改类别标签是指不改变主题分辨率，只将特定类别的像素值统一修改为另一种值。例如，在一幅具有林地（像素值1）、草地（像素值2）和建设用地（像素值3）的土地利用栅格数据中，将草地调整为灌木（像素值4），那么重分类功能可实现将数据中所有等于2的像素值调整为4，如图4-4所示。

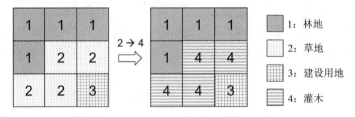

图 4-4 重分类功能示例 2

（3）实现类别的增加需要额外的判断信息。例如，引入一个或多个额外的参考栅格数据，并根据参考栅格数据中同一位置上的像素值对目标栅格数据上的像素值进行修改。例如，将上例中的林地进一步细分为针叶林和阔叶林（像素值分别为 11 和 12）。其实现方法是将额外的树林种类分布数据（参考栅格数据）与此土地利用栅格数据叠置，将参考栅格数据中"针叶林"与土地利用栅格数据中"林地"重合位置的像素值更改为 11、将参考栅格数据中"阔叶林"与土地利用栅格数据中"林地"重合位置的像素值更改为 12，这时土地利用栅格数据的主题分辨率增加，如图 4-5 所示。

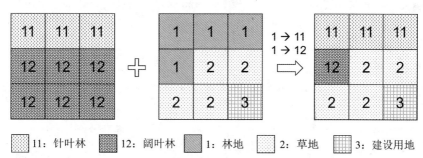

图 4-5　重分类功能示例 3

接下来，以一个简单的 3×3 的栅格数据（图 4-3 的左图）为例演示重分类功能的实现。假设需要实现的重分类功能为将数据中所有等于 1 和 2 的像素值调整为 0。

代码示例如下：

首先，导入必要的第三方模块，打开栅格数据并读取其中的信息。

```
from osgeo import gdal
import numpy as np


# 打开栅格数据
filepath = r'D：\ x \ Python _ test \ Reclass \ test2. tif'
dataset ＝gdal. Open（filepath）


# 读取栅格数据的信息
img _ width ＝ dataset. RasterXSize        # 计算栅格数据的列数
img _ height ＝ dataset. RasterYSize        # 计算栅格数据的行数
img _ data ＝ dataset. ReadAsArray(0, 0, img _ width, img _ height)    # 读取栅格数据每
个像素值并存入一个指定长（img _ width）宽（img _ height）的矩阵
classNum ＝ np. unique（img _ data）    # 统计像素值，且将像素值按照从小到大的顺序
存储在一个列表中，classNum 变量指向该列表
print（classNum）
>>> ［1 2 3］
```

其次，为使重分类后的数据与原始数据区分，基于原始数据复制一个新数据，并

对新数据的像素值进行重分类操作。

```
# 栅格数据重分类
img = img_data.copy()        # 基于原始数据复制一个新数据
img[img == 1] = 0            # 栅格数据中像素值为 1 的重分类为 0
img[img == 2] = 0            # 栅格数据中像素值为 2 的重分类为 0
```

最后，输出重分类后的栅格数据。

```
driver = dataset.GetDriver()              # 读取栅格数据的文件格式
filename = r'D:/x/Python_test/Reclass/reclass_test2.tif'   # 规定输出路径
out_img = driver.Create(filename, img_width, img_height, 1, gdal.GDT_Int16)
# 创建新栅格数据
out_band = out_img.GetRasterBand(1)  # 创建新栅格数据第 1 个，也是唯一一个
波段
out_band.WriteArray(img, 0, 0)            # 波段对象支持直接写入矩阵
out_band.SetNoDataValue(-9999)           # 设定 nodata 值
out_img = None                           # 关闭数据
print('数据处理成功')
```

输出前的 test2.tif 数据和输出后的 reclass_test2.tif 如图 4-6 所示，可看到示例栅格数据的每个像素值已按照设置的规则更改为新数值。

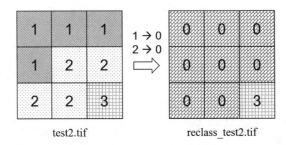

图 4-6　重分类前后的示例栅格数据

如果栅格数据存在背景值(nodata)，可在重分类前增加如下代码将背景值删除。

```
NoData = -9999
data_mask = np.ma.masked_where(data == NoData, data)
```

如果希望增加程序的稳健性，也可在打开数据后增加判断数据读取是否成功的条件语句，代码示例如下：

```
import sys  # 导入 sys 模块，在本示例中用于调用退出程序的函数 exit()
if dataset is None：
    print('打开数据' + filepath + '失败！')
    sys.exit(1)  # 退出程序
```

4.2.2　空间分辨率变换：重采样

在地理学和测绘学中，空间分辨率是指一幅栅格数据中像素的边长所对应的地理距离。例如，我国开发的全球地理信息公共产品 GlobeLand30 的空间分辨率是 30 米，这意味着 GlobeLand30 栅格数据中每个像素的边长代表的地理距离是 30 米。

改变空间分辨率的操作被称为重采样。重采样是指在栅格数据代表的空间范围保持不变的情况下，改变像素的大小。之所以称为"重采样"，是因为栅格数据本身可被理解为地理空间某种特定采样后结果的可视化。例如，如果将研究区的高程（海拔高度）表达为空间分辨率为 1 km 的栅格数据（专业术语称为"数字高程模型"），则相当于对研究区每个 1 km² 的区域进行了高程采样，并以采样结果代表该 1 km² 区域的高程。而重采样则意味着在增加或减小采样密度的情况下重新采样，并将采样结果可视化。

在地理学的研究中，当使用栅格数据刻画研究区时，只要给定栅格数据的空间分辨率，就能够唯一地确定栅格数据的行数和列数。因此，空间分辨率的变换直接导致行列数的变化（注意，在有些与地理距离无关的应用中，有时也把空间分辨率表达为行数与列数的乘积，例如，通常说电脑显示器的分辨率是 800×600、1 024×768、3 840×2 400 等）。重采样会给栅格数据的行列数带来的变化有以下两种情况（图 4-7）。

第一种：空间分辨率提升，又称为降尺度，此时栅格数据的像素变小、行列数增多。

第二种：空间分辨率降低，又称为升尺度，此时栅格数据的像素变大、行列数减少。

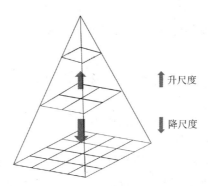

图 4-7　空间分辨率的提升和降低示意图

重采样技术实现的关键是在保持栅格数据所代表的空间范围不变的情况下修改像素的边长（通常为对长和宽进行同样的修改）。该过程可分为五大步骤：读取原栅格数据的行数、列数、像素边长；读取原栅格数据的像素值；确定新栅格数据的像素值；根据分辨率的变化创建新的栅格数据文件；向新栅格数据文件中写入数值（输出像素值至文件）。

接下来通过实例演示上述过程。假设原栅格数据为空间分辨率为 10 m 的数据文件 test＿1.tif，仅具有单个波段。要将其空间分辨率降低为 20 m，如图 4-8 所示，并将分辨率降低后的结果输出为 test＿2.tif 文件。

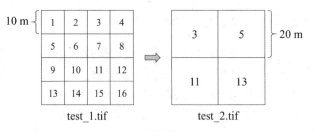

图 4-8 空间分辨率降低的示例

1. 读取原栅格数据的行数、列数、像素边长

导入必要的第三方模块，并获取第 1 个波段（因为数据仅有单个波段），查询行数、列数、像素边长（包括长和宽）。

代码示例如下：

```
from osgeo import gdal
import numpy as np
dataset = gdal. Open (r"D: \ x \ Python _ test \ Resample \ test _ 1. tif")
band = dataset. GetRasterBand (1)      # 获取栅格数据的第 1 波段
xsize = band. XSize                    # 获取第 1 波段的总列数
ysize = band. YSize                    # 获取第 1 波段的总行数
geotransform = list (dataset. GetGeoTransform ())    # 获取像素的长和宽等信息
print (xsize, ysize)
>>> 4 4
print (geotransform[1], geotransform[5])
>>> 10. 0 −10. 0
```

在上述代码中，GetGeoTransform () 方法的返回值类型是元组，该元组共包括 6 个元素，其中索引值为 1 和 5 的元素是像素的长和宽。需要注意的是，元组的值不可变，因此此处将返回值转换为了数值可变的列表类型。

2. 读取原栅格数据的像素值

新栅格数据的像素值取决于原栅格数据对应位置（区域）的像素值，因此需要首先读取原栅格数据的像素值，可以使用 ReadAsArray () 方法实现。

```
datasetArray = dataset. ReadAsArray (0, 0, xsize, ysize)
```

3. 确定新栅格数据的像素值

升尺度后像素值的确定方法依赖于用户的目的和算法。假设新像素的值为其在原栅格数据中对应的所有旧像素值的平均值。该对应关系如图 4-9 所示。

上述对应关系在实现时，也相当于对原栅格数据进行滑动平均值的操作，即使用大小为 2×2 个像素的窗口，以步长为 2 个像素，从左到右、从上到下地在原栅格数据上滑动一遍，并以每次滑动后窗口中像素的均值作为新栅格数据对应像素的值。

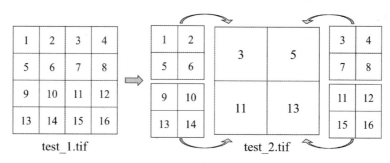

图 4-9　示例数据重采样前后的对应关系

代码示例如下：

```
# 创建一个 2×2 的二维数组用于存放新栅格数据的像素值
res = np.zeros ((2，2))
# 遍历新栅格数据的每个像素
for i in range (int (xsize/2)):        # 遍历列
    for j in range (int (ysize/2)):    # 遍历行
        # 计算每次滑动时窗口内像素的均值，并存入 res
        res[i][j] = int ((datasetArray [i * 2][j * 2] + datasetArray [i * 2][j * 2+1] +
                    datasetArray [i * 2+1][j * 2] + datasetArray [i * 2+1][j * 2
+1]) / 4)
```

4. 根据分辨率的变化创建新的栅格数据文件

在本例中，空间分辨率从 10 m 降低为 20 m 后，所需的行列数均变为原来的 0.5 倍，即新栅格数据的列数为 xsize/2、行数为 ysize/2。据此，创建新的栅格数据文件"test_2.tif"，并将句柄赋值给变量"out_img"。

```
driver = gdal. GetDriverByName ("GTiff")
out_img = driver. Create (r"D: \ x \ test_2. tif", int (xsize/2), int (ysize/2), 1,
band. DataType)
```

接下来通过变量 out_img 操作文件，通过"out_img"设置栅格数据的空间分辨率。已知其空间分辨率(包括横轴和纵轴方向)应为原来的 2 倍，因此修改 geotransform 列表中表示空间分辨率的元素，将其数值乘 2。

```
geotransform [1] = geotransform[1] * 2    # 横轴方向空间分辨率变为原来的 2 倍
geotransform [5] = geotransform [5] * 2    # 纵轴方向空间分辨率变为原来的 2 倍
```

然后通过 SetGeoTransform () 方法将上述修改反映到"out_img"文件的设置中。

```
out_img. SetGeoTransform (geotransform)    # 定义修改后的像素边长
```

5. 向新栅格数据文件中写入数值(输出像素值至文件)

向新栅格数据文件中写入数值的主要步骤包括获取新栅格数据文件的第 1 个波段，向第 1 个波段中写入信息，然后通过 FlushCache () 方法实现将修改后的波段输出到文件中，最后关闭文件。

```
out_band = out_img.GetRasterBand (1)
out_band.WriteArray (res)
out_img.FlushCache ()
out_img = None
```

6. 结果查看和代码验证

在上述操作全部完成后，可输出新的栅格数据，并查询其空间分辨率、行数、列数，验证结果是否正确，操作方法和结果如下：

```
from osgeo importgdal
dataset = gdal.Open (r"D：\ x \ test_2.tif" )
band = dataset.GetRasterBand (1)
xsize = band.XSize
ysize = band.YSize
print (xsize, ysize)        # 查询重采样结果的列数、行数并显示
>>> 2 2
geotransform = dataset.GetGeoTransform ()
print (geotransform [1], geotransform [5])   # 查询重采样结果的像素长、宽并显示
>>> 20.0 −20.0
data = dataset.ReadAsArray (0, 0, xsize, ysize)   # 读取 test_2.tif 的每个像素值
print (data)
>>> [[ 3  5]
     [11 13]]
```

从输出结果来看，上述代码已实现期望功能。

4.2.3　扩展：滑动窗口法背后的机制透析

滑动窗口法是处理栅格数据时常用的方法，本质上是一种对栅格数据进行分块（有时候不同的块之间可以有重叠）处理的策略。滑动窗口的尺寸小于所处理的栅格数据。该"窗口"被用于在栅格数据上"滑动"，滑动方向通常为从左到右、从上到下。该"窗口"每"滑动"一次，便利用栅格数据中与"窗口"重叠的像素值进行一次计算（如求和、求平均值、求最大值等）。滑动窗口的尺寸（窗口大小，英文为 size）和每次滑动的距离（滑动步长，英文为 step）均以像素个数衡量，如图 4-10 所示。

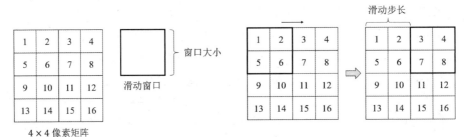

图 4-10　窗口大小和滑动步长示意图

以窗口尺寸为 2×2 个像素、滑动步长为 2 个像素的滑动窗口为例，其连续滑动的过程如图 4-11 所示。从图中可以看到，在尺度为 4×4 的栅格数据上，该窗口共计滑动了 4 次。

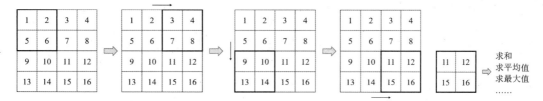

图 4-11　滑动窗口的连续滑动过程(窗口尺寸为 2×2 个像素，滑动步长为 2 个像素)

滑动窗口尺寸和滑动步长变化均会影响滑动次数。例如，图 4-12 所示的例子中，在滑动窗口尺寸减小、滑动步长不变的情况下，滑动次数增加；图 4-13 所示的例子中，在滑动窗口尺寸不变、滑动步长增大的情况下，滑动次数减少。

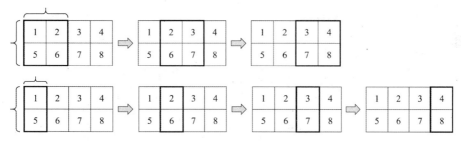

图 4-12　不同尺度的滑动窗口作用效果对比

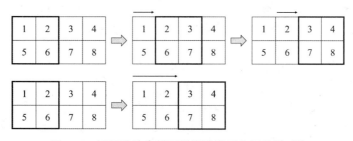

图 4-13　不同滑动步长下的滑动窗口作用效果对比

有时，栅格数据的尺寸并非滑动窗口尺度的整数倍。这时，会出现滑动窗口获取的栅格数据像素并不能"填满"整个窗口的情况，这种情况常出现在窗口滑动到栅格数据的行列末尾时。在国际论文中，这类像素往往被称为悬空像素(dangling pixels)。

用户根据需要对悬空像素进行处理，如直接舍弃或仅根据悬空像素进行滑动窗口既定的计算功能。其中，直接舍弃法(图 4-14)因较为简单而应用较多。

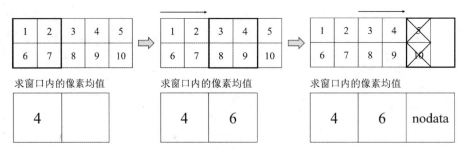

图 4-14 对悬空像素的处理示例

4.3 空间插值

本节介绍针对栅格数据的空间插值,"空间插值"功能的输入数据是栅格数据,即规则网格中每个网格节点的属性值。该功能的输出是网格中指定位置上的原本未知属性值(未知点的属性值),该位置可以不和任何网格节点重合,如图 4-15 所示。

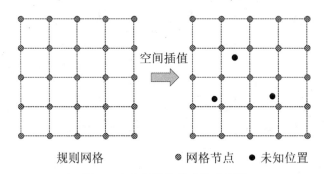

图 4-15 空间插值的功能示意图

使用第三方模块 xarray(引用命令为 import xarray)中 DataArray()类的 interp()函数可实现空间插值。实现空间插值分为两步:

第一步,实例化 DataArray()类,调用格式为:

xarray. DataArray (data = $<$NA$>$, coords = None, dims = None)

DataArray()类的参数含义如表 4-2 所示。

表 4-2 DataArray()类的参数含义

参数	含义
data	数组,存放规则网格节点的属性值
coords	情况 1:维度坐标列表。形式为 $[[d1\_1, d1\_2, d1\_3, \cdots], [d2\_1, d2\_2, d2\_3, \cdots], \cdots]$,每个最内层的中括号中,存放已知点在特定维度上的坐标值。例如,$d1\_1$ 表示第 1 个已知点在第 1 维度上的坐标值、$d2\_3$ 表示第 3 个已知点在第 2 维度上的坐标值 情况 2:维度名称和坐标的列表。形式为 $[(D1\ name, [D1\ values]), (D2\ name, [D2\ values]), \cdots]$

参数	含义
coords	情况 3：维度名称和坐标的字典。形式为 {D1 name：[D1 values]，D2 name：[D2 values]，…}
dims	仅当 coords 中未存储维度名称时（上述情况 1）才使用该参数，形式为列表。作用是维度名称，存储顺序与维度坐标列表一致

第二步，调用类中的 interp（）函数实现空间插值。interp（）函数的调用格式为：

DataArray. interp（coords ＝ None，method ＝ 'linear'）

interp（）函数的参数含义如表 4-3 所示。

表 4-3　interp（）函数的参数含义

参数	含义
coords	未知点的位置。形式为"D1 _ name ＝ 实例名 . DataArray [D1 坐标值]，D2 _ name ＝ 实例名 . DataArray [D2 坐标值]，…"
method	插值方法，可选项包括"linear""nearest""zero""slinear""quadratic""cubic""polynomial"。其中"linear"为默认值

接下来使用图 4-16 所示的数据，演示空间插值的代码实现。在图 4-16 中，规则网格中两个维度的名称分别为"x"和"y"。其中，"x"维度的坐标值依次为"0.1""0.2""0.3"，"y"维度的坐标值依次为"1""2""3"。未知点位于"$x ＝ 0.15$、$y ＝ 1.5$"的位置。

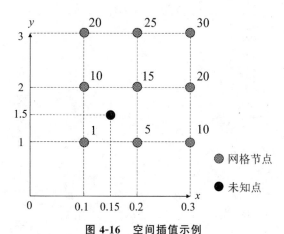

图 4-16　空间插值示例

首先，导入必要的第三方模块，包括 xarray 和 numpy。

```
import xarray as xr
import numpy as np
```

其次，创建 3×3 的二维 numpy 数组，存储已知点的属性值。

```
data = np. array ([[1, 5, 10], [10, 15, 20], [20, 25, 30]])
```

根据图 4-16 中每个维度的名称和坐标值，实例化 DataArray() 类。根据上文介绍的实例化 DataArray() 类的格式，提供了 3 种实例化方法：

(1) 方法 1 (对应上文中的情况 1)

```
coords = [[0.1, 0.2, 0.3], [1, 2, 3]]
dims = ['x', 'y']
da = xr. DataArray (data, coords, dims)
```

(2) 方法 2 (对应上文中的情况 2)

```
coords = [('x', [0.1, 0.2, 0.3]), ('y', [1, 2, 3])]
da = xr. DataArray (data, cords)
```

(3) 方法 3 (对应上文中的情况 3)

```
coords = {'x': [0.1, 0.2, 0.3], 'y': [1, 2, 3]}
da = xr. DataArray (data, coords)
```

最后，使用 interp () 函数计算未知点位置的属性值。

```
da. interp (x = xr. DataArray([0.15], y = xr. DataArray([1.5])
```

代码示例如下：

```
import xarray as xr
import numpy as np

data = np. array([[1, 5, 10], [10, 15, 20], [20, 25, 30]])
coords = {'x': [0.1, 0.2, 0.3], 'y': [1, 2, 3]}
da = xr. DataArray (data, coords)
a = xr. DataArray([0.15])
b = xr. DataArray([1.5])
print(da. interp (x = a, y = b))
>>>
<xarray. DataArray (dim _ 0：1)>
array([7.75])
Coordinates：
    x           (dim _ 0) float64 0.125
    y           (dim _ 0) float64 1.5
Dimensions without coordinates：dim _ 0
```

插值结果位于输出结果的第二行"array ([7.75])"中，该行的中括号内的数字即为未知点的属性值。

4.4　景观格局指数计算

景观格局指数在景观生态学领域应用广泛。景观格局指数用于定量化景观格局的空间特征和内容组成等信息，如斑块面积（Patch area）、斑块密度（Patch density）、分维数（Fractal dimension）。Python 中的第三方模块 pylandstats 中高度封装了众多景观格局指数，本节将以其中常见的指数为例演示如何使用 Python 计算景观格局指数。

使用 pylandstats 模块计算景观格局指数分为两步：

第一步，实例化 pylandstats 模块中的 Landscape()类，调用格式为：

```
ls = pylandstats. Landscape (fname)
```

其中，fname 参数为包含景观数据文件路径、文件名及其后缀的字符串。

第二步，根据景观的尺度等级选择类中的函数，计算指定的景观格局指数。根据景观生态学知识，景观格局指数基于不同的空间应用尺度被分为 3 个等级，应用尺度由小到大分别为斑块（patch）等级、类型（class）等级和景观（landscape）等级。以土地利用分布景观为例理解 3 个尺度等级：在土地利用分布数据中，每个斑块由几个土地类型相同的地块（像素）组成；每个类型由具有相同土地类型的所有斑块构成；景观由所有类型构成，即整幅土地利用数据。不同等级可计算或相同或不同的景观格局指数。Landscape()类中计算斑块等级下的景观格局指数通过调用 compute _ patch _ metrics _ df（）函数，类型等级通过调用 compute _ class _ metrics _ df（）函数，景观等级通过调用 compute _ landscape _ metrics _ df（）函数实现。3 个函数的调用格式相同，以 compute _ patch _ metrics _ df（）函数为例，调用格式为：

```
ls. compute _ patch _ metrics _ df (metrics)
```

其中，metrics 参数规定需要计算的一个或多个景观格局指数名称，形式为列表。每个函数中可选择的景观格局指数及其名称可参考 pylandstats 模块中 Landscape()类的官方文档（https：//pylandstats. readthedocs. io/en/latest/landscape. html）。

使用 compute _ patch _ metrics _ df（）函数的代码示例如下，输出结果为输入景观数据中每一个斑块的"perimeter area ratio""fractal dimension""Euclidean nearest neighbor"指数计算结果，形式为 DataFrame。

```
patch _ metrics _ df = ls. compute _ patch _ metrics _ df (
  metrics = ["perimeter _ area _ ratio", "fractal _ dimension", "euclidean _ nearest _
neighbor"])
>>>
     class _ val perimeter _ area _ ratio  fractal _ dimension  euclidean _ nearest _ neighbor
```

patch _ id				
0	0	0.026575	0.010630	1.333333
1	0	0.039862	0.013287	1.250000
2	1	0.358756	0.115599	4.090909
3	2	0.146160	0.055807	3.000000
...	...	...	...	...
1324	15	0.066436	0.023917	1.800000

接下来，使用真实数据演示景观格局指数的代码实现。示例景观数据为 1 km 空间分辨率的土地利用空间分布图，如图 4-17 所示。已知该景观数据共有 6 个类型(6 个土地类型)，本节将演示如何计算该景观数据每个类型的景观格局指数。

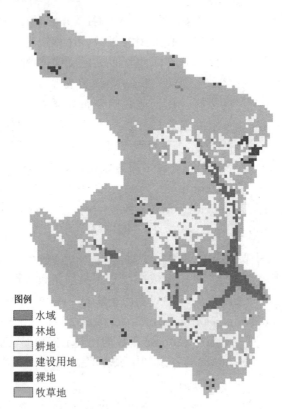

图例
- 水域
- 林地
- 耕地
- 建设用地
- 裸地
- 牧草地

图 4-17　景观数据示例图

首先，导入必要的第三方模块 pylandstats，实例化 Landscape () 类，实例化后的对象指向变量 ls。

```
import pylandstats as pls
fname = r"D:\x\Python_test\Landscape\cov_all.0.tif"
ls = pls.Landscape (fname)
```

其次，调用类中的 compute _ class _ metrics _ df () 函数，计算指定的景观格局指数。

```
class _ metrics _ df = ls. compute _ class _ metrics _ df (
    metrics = ["proportion _ of _ landscape", "edge _ density", "landscape _ shape _ in-
dex"])
```

最后，打印并展示每个类型的景观格局指数。

```
print (class _ metrics _ df)
>>>
            proportion _ of _ landscape   edge _ density   landscape _ shape _ index
class _ val
0              0.066436                    0.023917         1.800000
1              0.651076                    0.150146         4.357143
2             14.522987                    2.123306        12.000000
3              5.381345                    0.920808         8.512195
4              0.478342                    0.131544         5.000000
5             78.899814                    2.440872         7.780645
```

4.5　遥感生态指数计算

遥感生态指数是指基于遥感影像计算而得的指数，英文全称为 Remote Sensing Ecological Index。常见的遥感生态指数包括植被指数（vegetation index，也称绿度指数）、地表温度（Land surface temperature）等。与景观格局指数通常基于定性型栅格数据计算不同，遥感生态指数是基于定量型栅格数据（遥感影像）计算。

本节聚焦遥感生态指数中的植被指数，重点介绍归一化植被指数的计算方法。植被指数是指根据植被在遥感影像不同光谱波段的反射率计算得到的指数，常用于反映地表植被的生长状况、冠层覆盖度，在监测植被长势、作物估产等领域具有广泛应用。不同波段计算组合会得到不同的植被指数，每种植被指数也有着不同的侧重目标。常见的植被指数有归一化植被指数（Normalized Difference Vegetation Index，NDVI）、比值植被指数（Ratio Vegetation Index，RVI）、增强植被指数（Enhanced Vegetation Index，EVI）等。

本节以计算归一化植被指数为例，介绍其计算原理和代码操作。

1. 归一化植被指数的计算原理

归一化植被指数的计算公式如下：

$$NDVI = \frac{NIR - R}{NIR + R}$$

其中，NIR 为光谱数据中的近红外波段，R 为光谱数据中的红光波段。

NDVI 的取值范围为 $-1 \sim 1$，若为正数，则表示地表有植被覆盖，且数值越大，覆盖程度越高，植被生长越茂盛；若为负数，则表示地表被云、雪、水等对可见光具有高反射特性的物体遮挡；若为 0，则表示地表有裸土、岩石。

2. 归一化植被指数的代码实现

从归一化植被指数的计算公式可知，计算该植被指数需要具备两个波段的栅格数据，分别为近红外波段和红光波段。若已获取到这两个波段的栅格数据，则归一化植被指数的计算过程便可以认为是对栅格数据的数值运算，运算规则即为上述的计算公式。这种计算思路也同样适用于其他植被指数的计算。

代码实现如下：

首先，导入必要的第三方模块，并读取近红外波段和红光波段的栅格数据。

```
from osgeo import gdal
# 读取近红外波段数据
nir = gdal. Open (r'D: \ x \ Python _ test \ Cal _ NDVI \ Surface _ reflect2. tif')
# 读取红光波段数据
r = gdal. Open (r'D: \ x \ Python _ test \ Cal _ NDVI \ Surface _ reflect1. tif')
```

其次，将两个栅格数据分别存储至两个 numpy 数组中。

```
# 读取 nir 的信息
nir _ width = nir. RasterXSize
nir _ height = nir. RasterYSize
arr _ nir = nir. ReadAsArray (0, 0, nir _ width, nir _ height)
# 读取 r 的信息
r _ width = r. RasterXSize
r _ height = r. RasterYSize
arr _ r = r. ReadAsArray (0, 0, r _ width, r _ height)
```

为了后续将计算出的新数组与原有数组分开，这里复制一个全新的、大小与已有栅格数据完全相同的数组 ndvi，便于将计算结果直接存储到该数组中。

```
ndvi = arr _ nir. copy ()
```

再次，通过 for 循环遍历数组元素，对每个元素（栅格属性值）基于归一化植被指数的计算公式进行运算。

```
for i in range (0, nir _ height):
    for j in range (0, nir _ width):
# 若被除数为 0，则不能进行除法运算，设置 ndvi 数值为 -2000
        if (arr _ nir[i, j] + arr _ r[i, j] == 0):
            ndvi[i, j] = -2000
# 若被除数不为 0，则根据公式计算归一化植被指数
        else:
            # NDVI = (NIR - R) / (NIR + R)
            ndvi[i, j] = float((arr _ nir[i, j] - arr _ r[i, j])) / float((arr _ nir[i, j] +
arr _ r[i, j]))
```

最后，将存储有计算结果的数组 NDVI 输出为新的栅格数据。

```
driver = gdal. GetDriverByName ("GTiff")
outdata = driver. Create (r'D：\ x \ Python _ test \ Cal _ NDVI \ ndvi _ modis. tif',
                          ysize = nir _ height，xsize = nir _ width, bands = 1)
outband = outdata. GetRasterBand (1)
outband. WriteArray (ndvi)
outdata. FlushCache ()
outdata = None
```

4.6　投影转换

　　为了使栅格数据能够反映真实所处的空间地理位置，需要为数据规定空间参考系统。空间参考系统也可通俗地认为是坐标系。坐标系可分为地理坐标系和投影坐标系。其中，地理坐标系是在三维球面上定义地球上的位置，通常使用经度和纬度表示数据对应的位置；投影坐标系则是基于数学公式将三维球面投影到二维平面，在二维平面上定义地球上的位置，通常使用 x、y 坐标值表示数据对应的位置。为栅格数据选择合适的坐标系是十分重要的，一个合适的坐标系能使数据的表达接近真实地理实体。

　　投影转换是指更改数据所规定的坐标系，是 GIS 空间分析中常使用的功能。坐标系的改变意味着定义位置的规则改变，这对于栅格数据而言也反映在像素分辨率的变化。因此，在栅格数据进行投影转换时，栅格像素将被重采样。

　　Python 中第三方模块 osr 的 SpatialReference() 和 CoordinateTransformation() 类提供了描述栅格数据坐标系和坐标系转换的功能。

　　1. 描述栅格数据坐标系

　　(1)实例化 SpatialReference () 类，调用格式为：

```
source = osr. SpatialReference ()
```

　　(2)使用类中的 ImportFromEPSG () 函数描述栅格数据坐标系。

　　EPSG 是后续投影转换函数可识别的坐标系编号，每个坐标系均有一个唯一的 EPSG 编号。例如，WGS 1984 坐标系的 EPSG 编号为 4326。坐标系对应的 EPSG 编号可在网站(https：//epsg. io/)查询。

```
source. ImportFromEPSG (num)
```

　　其中，num 为指定坐标系的 EPSG 编号。

　　2. 坐标系转换

　　(1)实例化 CoordinateTransformation ()类，调用格式为：

```
coordTrans = osr. CoordinateTransformation (source，target)
```

　　其中，source 和 target 分别表示栅格数据原有坐标和目标坐标，数据类型为 SpatialReference () 类(实例化 SpatialReference () 类的结果)。实例化后的对象指向变量 coordTrans，此时 coordTrans 为一个坐标转换器，将输入的原有坐标值输出为目标坐标值。

（2）使用 CoordinateTransformation（）类中的 TransformPoint（）函数进行坐标转换。

TransformPoint（）函数的调用格式为：

```
coordTrans. TransformPoint（n）
```

其中，n 表示转换前的坐标值，形式可以为数值或元素为数值的元组。函数根据 n 的形式返回转换后的坐标值或存储多个坐标值的元组。

接下来，以一个已具有坐标系的栅格数据为例演示投影转换功能的实现。已知该栅格数据的坐标系为"UTM Zone 37N"，现将该数据的坐标系转换为常用坐标系"World Mercator"。

首先，导入必要的第三方模块，并定义输入数据的原始坐标系和将要转换的目标坐标系。

```
from osgeo import gdal, osr
from osgeo. gdalconst import  *
# 输入数据的原始坐标系
source = osr. SpatialReference（）
source. ImportFromEPSG（32637）   # 代表"UTM Zone 37N"坐标系的编号
# 目标坐标系
target = osr. SpatialReference（）
target. ImportFromEPSG（3395）    # 代表"World Mercator"坐标系的编号
```

其次，实例化 CoordinateTransformation（）类，得到坐标转换器。

```
coordTrans = osr. CoordinateTransformation（source, target）
```

再次，打开目标栅格数据，并获取该数据左上角与右下角像素在原有坐标系下的坐标值和空间分辨率。

最后，利用上一步得到的坐标转换器将左上角与右下角像素的坐标值转换为目标坐标系下的坐标值。

```
# 打开输入数据文件
ds =gdal. Open（r'D: \ x \ Python _ test \ CoordinateTransformation \ Tif \ cov _ all. 0. tif
'）
# 获取数据角点坐标和空间分辨率
mat = ds. GetGeoTransform（）
# 获取数据左上角与右下角像素在目标坐标系下的坐标值
（ulx, uly, ulz）= coordTrans. TransformPoint（mat[0], mat[3]）
（lrx, lry, lrz ）= coordTrans. TransformPoint（mat[0] + mat[1] * ds. RasterXSize, mat
[3] + mat[5] * ds. RasterYSize）
```

计算转换坐标系后数据的分辨率。计算公式为：转换后分辨率 ＝（转换后右下角 x 坐标值 － 转换后左上角 x 坐标值）/ 数据列数。

resolution ＝ int(((lrx－ulx)/ds. RasterXSize))♯ 转换后数据的空间分辨率

创建转换坐标系后的新栅格数据。

```
driver ＝gdal. GetDriverByName ("GTiff")
filepath ＝ r'D：\ x \ Python _ test \ CoordinateTransformation \ Tif \ test. tif'
♯ 新数据的行列数、波段数仍与原数据相同
outdata ＝ driver. Create (filepath, ds. RasterXSize, ds. RasterYSize，1)
♯ 为新数据规定角点坐标和空间分辨率
outdata. SetGeoTransform ([ulx, resolution, 0, uly, 0，－resolution])
♯ 将目标坐标系转换成 gdal 可识别的坐标系本文表示法(WKT)
outdata. SetProjection (target. ExportToWkt ())
♯ 坐标系转换后需要对数据重采样
gdal. ReprojectImage (ds, outdata, source. ExportToWkt ( )， target. ExportToWkt ( )，
gdal. GRA _ Bilinear)
♯关闭数据
ds ＝ None
outdata ＝ None
```

查看所生成的栅格数据坐标信息，可知新数据的坐标系为"World Mercator"。

```
from osgeo import gdal
dataset ＝gdal. Open(r'D：\ x \ Python _ test \ CoordinateTransformation \ Tif \ result.
tif')
print ("Projection is {}". format (dataset. GetProjection ()))
>>>
Projection is PROJCS["WGS 84 / World Mercator"，GEOGCS["WGS 84", DATUM["
WGS _ 1984"，SPHEROID["WGS 84", 6378137, 298. 257223563, AUTHORITY["
EPSG","7030"]], AUTHORITY["EPSG","6326"]], PRIMEM["Greenwich", 0, AU-
THORITY["EPSG","8901"]], UNIT["degree", 0. 0174532925199433, AUTHORITY
["EPSG","9122"]], AUTHORITY["EPSG","4326"]], PROJECTION["Mercator _
1SP"], PARAMETER["central _ meridian", 0], PARAMETER["scale _ factor", 1],
PARAMETER["false _ easting", 0], PARAMETER["false _ northing", 0], UNIT["
metre", 1, AUTHORITY["EPSG","9001"]], AXIS["Easting", EAST], AXIS["
Northing", NORTH], AUTHORITY["EPSG","3395"]]
```

4. 7　表面分析

地理实体通常是立体的、表面复杂的，将复杂地表抽象化、数字化再加以运算和分析是 GIS 空间分析的常见方法。数字高程模型(Digital Elevation Model，DEM)是一种最为常见的地表模型，该模型将地表起伏的高度(高程)数字化，反映一定范围内地

理实体的起伏形态。基于 DEM 的表面分析包括计算坡度、坡面等的其他反映地表形态的指标。本节将以使用 DEM 计算坡度为例，演示基于 Python 的表面分析功能实现。

1. 坡度计算原理

坡度计算最常见的方法（也是 ArcGIS 软件所采用的方法）是采用 DEM 二维曲面进行计算。在该方法中，二维曲面为 DEM 数据中 3×3 大小的像素，如图 4-18 所示。其中，字母 a～i 表示 DEM 栅格数据中像素的属性值，cell_height 和 cell_width 表示一个像素的高度和宽度（也就是 DEM 数据的空间分辨率）。

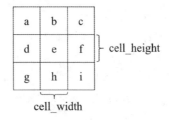

图 4-18 DEM 二维曲面

坡度的计算公式如下：

$$slope_{ns} = \frac{(g+2h+i)-(a+2b+c)}{8\times cell\_height}$$

$$slope_{we} = \frac{(a+2d+g)-(c+2f+i)}{8\times cell\_width}$$

$$slope = \tan(\sqrt{slope_{ns}^2 + slope_{we}^2})$$

2. 代码实现

计算坡度的技术实现关键是提取出 DEM 数据 3×3 大小的二维曲面，并根据既定公式计算每个曲面下的坡度值。最直接的实现方法是采用滑动窗口计算。为精减代码，本书提供的代码实现思路包括以下 4 步：获取 DEM 数据的像素高度和宽度；存储每个 3×3 矩阵中的像素值；基于公式计算每个矩阵的坡度；将计算出的坡度结果输出为栅格数据。接下来通过如图 4-19 所示的 DEM 实例数据演示坡度的代码实现。

图 4-19 DEM 实例数据

（1）获取 DEM 数据的像素高度和宽度。

```
import numpy as np
from osgeo import gdal
# 打开 DEM 实例数据
dataset = gdal. Open (r'D: \ x \ Python _ test \ Slope \ dem. tif')
# 获取数据的像素高度、宽度
geotrans = dataset. GetGeoTransform ()
cell _ width = geotrans[1]        # 像素高度
cell _ height = geotrans[5]       # 像素宽度
```

（2）存储每个 3×3 矩阵中的像素值

首先，将滑动窗口的大小设置为 3×3。其次，计算滑动窗口横向滑动的次数和纵向滑动的次数，横向滑动的次数为"数据宽度-滑动窗口宽度"，纵向滑动的次数为"数据高度-滑动窗口宽度"。再次，创建一个空列表 slices，列表的属性如图 4-20 所示。列表内存储的是 9 个二维数组，这些二维数组中依次存储了每次滑动后窗口覆盖的 a、b、c、d、e、f、g、h、i 位置的像素值（图 4-18）。每个二维数组的宽度和高度分别为"横向滑动的次数 + 1"和"纵向滑动的次数 + 1"。

list	Index	Type	Size
	0	2darray	(数据高度-滑动窗口高度+1, 数据宽度-滑动窗口宽度+1)
	1	2darray	(数据高度-滑动窗口高度+1, 数据宽度-滑动窗口宽度+1)
	2	2darray	(数据高度-滑动窗口高度+1, 数据宽度-滑动窗口宽度+1)
	3	2darray	(数据高度-滑动窗口高度+1, 数据宽度-滑动窗口宽度+1)
	4	2darray	(数据高度-滑动窗口高度+1, 数据宽度-滑动窗口宽度+1)
	5	2darray	(数据高度-滑动窗口高度+1, 数据宽度-滑动窗口宽度+1)
	6	2darray	(数据高度-滑动窗口高度+1, 数据宽度-滑动窗口宽度+1)
	7	2darray	(数据高度-滑动窗口高度+1, 数据宽度-滑动窗口宽度+1)
	8	2darray	(数据高度-滑动窗口高度+1, 数据宽度-滑动窗口宽度+1)

图 4-20　列表中存储的 9 个二维数组及其属性信息

```
# 获取 DEM 数据的属性值并存入二维数组中
band = dataset. GetRasterBand (1)
data = band. ReadAsArray ()
# 创建一个行列数与 DEM 数据相同的全零数组
out _ data = np. zeros ((band. YSize，band. XSize))
# 设置滑动窗口大小
win _ size = (3, 3)
# 计算存入列表的二维数组行数、列数
rows = data. shape[0] − win _ size[0] + 1
cols = data. shape[1] − win _ size[1] + 1
# 滑动窗口遍历 DEM 数据，将每个窗口内的 9 个像素值依次按其所处位置存储到列表
```

slices 中

```
slices = []
for i in range (win _ size[0])：
    for j in range (win _ size[1])：
        slices. append (data[i：rows + i, j：cols + j])
```

（3）基于公式计算每个矩阵的坡度。

```
slope _ ns =
((slices[0]+(2 * slices[1])+ slices[2])－(slices[6]+(2 * slices[7])+ slices[8]))/(8 *
cell _ height)
slope _ we =
((slices[0]+(2 * slices[3])+ slices[6])－(slices[2]+(2 * slices[5])+ slices[8]))/(8 *
cell _ width)
slope = np. arctan (np. sqrt (np. square (slope _ ns) + np. square (slope _ we)))
out _ data[1：-1, 1：-1] = slope * 180 / np. pi  # 单位转换为度
```

（4）将计算出的坡度结果输出为栅格数据。

```
driver = gdal. GetDriverByName ("GTiff")
outdata = driver. Create (r'D：\ x \ Python _ test \ Slope \ slope. tif',
                        dataset. RasterXSize, dataset. RasterYSize, bands = 1)
outband = outdata. GetRasterBand (1)
outband. WriteArray (out _ data)
outband. SetGeoTransform (geotrans)
outband. SetProjection (dataset. GetProjection ())
outdata. FlushCache ()
outdata = None
```

坡度计算结果如图 4-21 所示，注意，外边轮廓的坡度值计算受到数据之外背景值的影响，因此在实际应用时建议使用比研究区更大范围的 DEM 数据计算坡度，再通过裁剪方法制作出研究区的坡度数据。

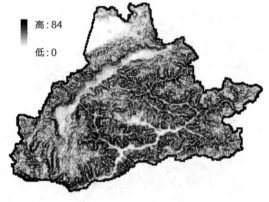

高：84

低：0

图 4-21 坡度计算结果

完整代码示例如下：

```
import numpy as np
from osgeo import gdal
dataset = gdal. Open (r'D: \ x \ Python _ test \ Slope \ dem. tif')
geotrans = dataset. GetGeoTransform ()
cell _ width = geotrans[1]
cell _ height = geotrans[5]
band = dataset. GetRasterBand (1)
data = band. ReadAsArray ()
out _ data = np. zeros ((band. YSize，band. XSize))
win _ size = (3, 3)
rows = data. shape[0] — win _ size[0] + 1
cols = data. shape[1] — win _ size[1] + 1
slices = []
for i in range (win _ size[0]):
    for j in range (win _ size[1]):
        slices. append (data[i: rows + i, j: cols + j])
slope _ ns =
((slices[0]+(2 * slices[1])+slices[2])—(slices[6]+(2 * slices[7])+slices[8]))/(8 *
cell _ height)
slope _ we =
((slices[0]+(2 * slices[3])+slices[6])—(slices[2]+(2 * slices[5])+slices[8]))/(8 *
cell _ width)
slope = np. arctan (np. sqrt (np. square (slope _ ns) + np. square (slope _ we)))
out _ data[1: —1, 1: —1] = slope * 180 / np. pi
driver = gdal. GetDriverByName ("GTiff")
outdata = driver. Create (r'D: \ x \ Python _ test \ Slope \ slope. tif',
                         dataset. RasterXSize, dataset. RasterYSize, bands = 1)
outband = outdata. GetRasterBand (1)
outband. WriteArray (out _ data)
outband. SetGeoTransform (geotrans)
outband. SetProjection (dataset. GetProjection ())
outdata. FlushCache ()
outdata=None
```

4.8 分区统计

分区统计是一种按照预先的分区对栅格数据的属性值进行分区统计和分析的方法。

统计信息包括但不限于区域内栅格数据的最小值（min）、最大值（max）、像素总数（count）、属性值总和（sum）、属性值标准差（std）等。分区统计的功能示意如图 4-22 所示。

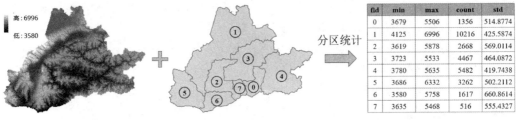

fid	min	max	count	std
0	3679	5506	1356	514.8774
1	4125	6996	10216	425.5874
2	3619	5878	2668	569.0114
3	3723	5533	4467	464.0872
4	3780	5635	5482	419.7438
5	3686	6332	3262	502.2112
6	3580	5758	1617	660.8614
7	3635	5468	516	555.4327

DEM栅格数据　　　　　　同区域矢量数据　　　　　　分区统计结果

图 4-22　分区统计功能示意图

Python 中的第三方模块 rasterstats 所提供的 zonal_stats（）函数是常见且实用的分区统计工具。zonal_stats（）函数的调用格式为：

zonal_stats（vector_file, raster_file, states = None）

zonal_stats（）函数的输入和输出如表 4-4 所示。

表 4-4　zonal_stats（）函数的输入和输出

参数	含义	返回
vector_file	字符串，指明用于划分区域的矢量数据所在文件路径和文件名	一个包含每个区域指定统计信息的列表
raster_file	字符串，指明用于统计信息的栅格数据所在文件路径和文件名	
states	列表，若未规定列表内的统计信息，则默认统计如下信息： ·min：每个区域内像素属性值的最小值 ·max：每个区域内像素属性值的最大值 ·mean：每个区域内像素属性值的平均值 ·count：每个区域内的像素总数 若规定列表内的统计信息，则其他可选择的统计信息可参考 rasterstats 模块官方文档 （https://pythonhosted.org/rasterstats/manual.html # zonal-statistics），常见统计信息如 sum、std 等	

需要注意的是，zonal_stats（）函数中输入的矢量数据和栅格数据的坐标系须完全一致。

接下来使用真实数据，演示分区统计的 Python 代码的实现。具体使用的数据为 1 份 Shapefile 文件（拉萨市县级行政边界矢量数据）和 1 份 Tif 数据（拉萨市 DEM 栅格数据），如图 4-22 所示。

首先，导入必要的第三方模块，规定用于划分区域的矢量数据以及用于统计信息的栅格数据所在文件路径和文件名。

```
import pandas as pd
from rasterstats import zonal_stats

shp_file = r"D：\ x \ Python_test \ ZonalStatistics \ Lhasa_pj. shp"
tif_file = r"D：\ x \ Python_test \ ZonalStatistics \ dem_ls. tif"
```

其次，调用 zonal_stats（）函数进行分区统计，统计信息包括每个区域内 DEM 数据的最小值、最大值、像素总数、属性值总和、属性值标准差。

```
stats = zonal_stats (shp_file, tif_file, stats=['min', 'max', 'count', 'sum', 'std'])
```

最后，将列表导出至 csv 表格。

```
df_out = pd. DataFrame ()                    # 创建一个 DataFrame
df_out = pd. DataFrame. from_dict (data = stats)    # 将统计信息写入 DataFrame
# 将包含统计信息的 DataFrame 导出至 csv 表格
out_file = r"D：\ x \ Python_test \ ZonalStatistics \ stat_dem. csv"
df_out. to_csv (out_file, header = True, index_label = 'fid', encoding = 'gbk')
```

csv 表格信息如表 4-5 所示，其中 fid 为矢量数据的一个字段，用于区分不同的区域。

表 4-5　分区统计结果

fid	min	max	count	sum	std
0	3 679	5 506	1 356	6 005 688	514. 877 4
1	4 125	6 996	10 216	50 940 793	425. 587 4
2	3 619	5 878	2 668	12 745 455	569. 011 4
3	3 723	5 533	4 467	20 747 984	464. 087 2
4	3 780	5 635	5 482	26 493 619	419. 743 8
5	3 686	6 332	3 262	16 233 804	502. 211 2
6	3 580	5 758	1 617	7 266 467	660. 861 4
7	3 635	5 468	516	2 223 492	555. 432 7

4.9　栅格裁剪

栅格裁剪通常指使用一个矢量数据裁剪一个栅格数据，将栅格数据裁剪为矢量数据的形状。栅格裁剪是栅格数据空间分析中常使用的数据处理工具。列举一个实际案例：当我们已有全国 DEM 栅格数据和山东省行政边界，通过栅格裁剪功能可得到山东省范围的 DEM 栅格数据。

本节将使用 gdal 模块内的 Warp（）函数实现栅格裁剪功能。Warp（）函数的调用格式为：

gdal. Warp（out _ file，raster _ file，format，cutlineDSName，cropToCutline，cutlineWhere）

Warp（）函数的输入和输出如表 4-6 所示。

表 4-6　Warp（）函数的输入和输出

参数	含义
out _ file	字符串，裁剪后栅格数据保存的文件路径和文件名
raster _ file	字符串，被裁剪栅格数据所在文件路径和文件名
format	字符串，裁剪后栅格数据的文件格式（gdal 可识别的短名称）
cutlineDSName	字符串，裁剪矢量数据所在文件路径和文件名
cropToCutline	布尔型，True 表示保证裁剪后数据范围与矢量数据一致，False 表示裁剪后数据范围与被裁剪栅格数据一致
cutlineWhere	字符串，若需要根据矢量数据中的一行（一个要素）裁剪栅格数据，则 cutlineWhere 用于规定矢量数据的筛选条件，格式为"cutlineWhere ＝ '字段 ＝ 字段值'"

需要注意的是，Wrap（）函数中输入的矢量数据和栅格数据的坐标系须完全一致。

接下来使用真实数据，演示栅格裁剪的 Python 代码实现。具体使用的数据为 1 份 Shapefile 文件（拉萨市县级行政边界矢量数据）和 1 份 Tif 数据（拉萨市 DEM 栅格数据），如图 4-23 所示。裁剪目标是使用 Shapefile 文件中 FID 字段值为 2 的要素裁剪 Tif 数据，得到指定范围的 DEM 栅格数据。

DEM栅格数据　　　　同区域矢量数据

图 4-23　栅格裁剪实例

首先，导入必要的第三方模块，规定文件路径和文件名，包括用于裁剪的矢量数据、被裁剪的栅格数据、裁剪结果。

```
from osgeo import gdal
# 裁剪矢量数据路径
shppath = r'D:\ x \ Python _ test \ ShpClipTif \ Lhasa _ pj. shp'
# 被裁剪栅格数据路径
tifpath = r'D:\ x \ Python _ test \ ShpClipTif \ dem _ ls. tif'
```

```
# 裁剪结果保存路径
out _ file = r'D：\ x \ Python _ test \ ShpClipTif \ clip _ result. tif'
```

其次，调用 Wrap（）函数进行栅格裁剪。

```
ds = gdal. Warp（
out _ file,
tifpath,
format = 'GTiff',              # 保存图像的格式
cutlineDSName = shppath,
cropToCutline = True,          # 保证裁剪后数据范围与矢量数据一致
cutlineWhere= 'FID = 2'        # 用于裁剪的矢量数据范围筛选条件
）
```

裁剪结果如图 4-24 所示，可以看到裁剪结果的范围同矢量数据中 FID = 2 的元素。

高：5878

低：3619

图 4-24 栅格裁剪结果

4.10 聚类分析

聚类分析在 GIS 领域常用于"分区"，分区是指通过空间区域内特征值的分布情况，将特征值相似的位置划分为同一子区域，通过这种方式将一个大范围区域划分为多个子区域，便于后续分析和高效管理。聚类分析中不同聚类算法对区域划分具有不同的判断规则，这些算法中最经典、最常用的是 K-Means 算法。本节将简明介绍 K-Means 聚类的 Python 代码实现。

Python 中的第三方模块 scikit-learn 提供了 K-Means 的算法实现。实现聚类分析主要分为以下两步：

第一步，构建聚类器。

构建聚类器即实例化 sklearn. cluster 子模块中的 KMeans（）类。其调用格式为：

```
sklearn. cluster. KMeans（n _ clusters = 8）
```

其中，n _ clusters 表示指定聚类个数，默认值为 8。实例化的结果是构建了一个 n _ clusters 个数类型的聚类器，用于后续将样本根据其特征值划分为 n _ clusters 个类型。

第二步，对已有样本进行聚类。

117

调用 KMeans（）类中的方法 fit（）实现对指定样本的聚类。fit（）方法的调用格式为：

KMeans. fit（data）

其中，data 可以为 numpy 数组格式，存放用于聚类的样本。数组的行数表示样本个数，列数表示特征值个数（一个样本含有的数值个数）。

假设有 100 个样本，每个样本有 1 个值，即有 1 个"特征值"，接下来将演示如何使用 K-Means 算法将这 100 个样本聚为 3 类。

1. 随机数示例

首先，导入必要的第三方模块，并采用 np. random. rand（）函数创建一个随机数组 data，数组共 100 行 1 列，即创建了 100 个样本，每个样本有 1 个值。

```
import numpy as np
from sklearn. cluster import KMeans
data = np. random. rand（100，1）
print（data）
>>>
array（[[9.53160933e−01]，
      [7.82669834e−01]，
      ……
      [2.57301228e−01]]）
```

其次，通过实例化 KMeans（）类，构建一个聚类个数为 3 的聚类器。

```
kmeans = KMeans（n_clusters = 3）
```

再次，使用构建好的聚类器对样本数据 data 进行聚类。

```
kmeans. fit（data）
```

此时，样本已根据特征值被分为 3 类，显示类别的方法有很多，此处以获取类别标签的方式展示样本的分类情况，可以通过调用 KMeans（）类的属性 labels_ 实现。

```
label = kmeans. labels_
print（label）
>>>
Array（[1，1，1，1，2，0，0，2，0，2，0，1，1，2，2，1，1，1，1，1，2，0，
      2，0，1，1，0，2，0，2，1，0，1，2，0，1，1，1，1，2，1，0，0，0，
      2，2，0，0，0，0，1，2，2，0，2，1，1，0，0，2，1，2，1，1，1，0，
      1，2，2，1，1，0，2，2，2，1，0，0，0，0，1，0，0，0，1，0，0，2，
      1，0，2，1，2，2，2，2，2，1，1，2]）   ♯ 标签值0、1、2将3类样本区分
```

完整代码示例如下：

```
import numpy as np
from sklearn. cluster import KMeans
data = np. random. rand (100，1)
kmeans = KMeans (n _ clusters = 3)
kmeans. fit (data)
label = kmeans. labels _
```

2. 栅格数据示例

在通过简单随机数示例聚类后，下面使用真实栅格数据进行 K-Means 聚类分析，并将聚类结果可视化。

示例栅格数据为 1 km 空间分辨率、具有 6 种类型的土地利用空间分布图。每种土地类型对应的特征值为：耕地对应数值 0、林地对应数值 1、草地对应数值 2、水域对应数值 3、建设用地对应数值 4、未利用地对应数值 5。

首先，导入必要的第三方模块，并读取指定路径下的栅格数据。

```
import numpy as np
from sklearn. cluster import KMeans
from osgeo importgdal
# 打开栅格数据
filepath = r'D：\ x \ Python _ test \ Cluster \ ld2015 _ 6types. tif'
dataset = gdal. Open (filepath)
# 读取栅格数据的信息
data _ width = dataset. RasterXSize        # 计算栅格数据的列数
data _ height = dataset. RasterYSize       # 计算栅格数据的行数
# 读取栅格数据每个像素特征值并存入 numpy 二维矩阵
data = dataset. ReadAsArray (0，0，data _ width，data _ height)
```

其次，准备符合要求格式的聚类样本数据 X。根据实例化 KMeans () 类所规定的数据格式，需要将当前的二维数组转换为一个 n 行 1 列的一维数组，实现步骤如下：

第一步，借助 numpy 模块中的 ravel () 方法，将二维数组转换为一维数组。该方法的用途是将多维数组按照维度顺序排列为一维数组，调用格式为：

```
ndarray. ravel ()
```

其中，ndarray 表示多维 numpy 数组，得到的结果将是一个一维 numpy 数组。

第二步，使用 numpy 模块的 vstack () 函数，将一维数组由原本的 1 行 n 列转置为 n 行 1 列。vstack () 函数的作用是将 m 个均含有 n 个元素的列表堆叠合并为一个 m 行 n 列的二维 numpy 数组。vstack () 函数的调用格式为：

```
numpy. vstack ([a，b，…])
```

vstack () 函数的输入和输出如表 4-7 所示。

表 4-7　vstack（）函数的输入和输出

参数	含义	返回
a	第 1 个含有 n 个元素的列表（形式可不限于列表）	一个将 a，b，…，共 m 个列表内元素纵向堆叠合并的 m 行 n 列二维 numpy 数组
b	第 2 个含有 n 个元素的列表（形式可不限于列表）	
…	第 m 个含有 n 个元素的列表（形式可不限于列表）	

代码示例如下：

```
x = [1, 2, 3]
y = [1, 4, 4]
z = [2, 3, 4]
values = np. vstack ([x, y, z])
print (values)
>>>
[[1 2 3]
 [1 4 4]
 [2 3 4]]
```

那么，符合要求格式的聚类样本数据 X 由如下代码得到：

```
X = np. vstack (data. ravel ())
```

通过实例化 KMeans（）类，构建一个聚类个数为 3 的聚类器之后，再使用构建好的聚类器对样本数据 X 进行聚类，并通过调用 KMeans（）类的属性 labels_ 获取每个样本的类别标签。

```
kmeans = KMeans (n_clusters = 3)    # 构造一个聚类个数为 3 的聚类器
kmeans. fit (X)                     # 聚类
label = kmeans. labels_            # 获取类别标签
```

label 中以 n 行 1 列的形式存储着栅格数据每个像素的新类别值。接下来，要将这些数值重新排列为与栅格数据原始排列一致的二维数组，将使用到 numpy 模块中的 reshape（）函数，reshape（）函数的调用格式为：

```
numpy. reshape (ndarray, newshape)
```

reshape（）函数的输入和输出如表 4-8 所示。

表 4-8　reshape（）函数的输入和输出

参数	含义	返回
ndarray	需要转换的 numpy 数组	一个具有新数组形式的 numpy 数组
newshape	新的数组形式，数据形式为整数（int）或整数元组（tuple of int），如"(3，4)"表示新的数组形式为 3 行 4 列的二维 numpy 数组。并且，新数组形式必须为原数组可转换的形式，即新形式的数组行列数相乘得到的数组元素个数应与原数组的元素个数相同	

此处，二维数组的行列数即为栅格数据的行列数。

```
Z = np. reshape (label, (data_height, data_width))
```

最后，输出聚类后的新栅格数据。

```
driver = gdal. GetDriverByName ("GTiff")
outdata = driver. Create (r'D: \ x \ Python_test \ Cluster \ result. tif',
                          ysize = data_height, xsize = data_width, bands = 1)
outband = outdata. GetRasterBand (1)
outband. WriteArray (Z)
outdata. FlushCache ()
outdata = None
```

完整代码示例如下：

```
import numpy as np
from sklearn. cluster import KMeans
from osgeo importgdal
filepath = r'D: \ x \ Python_test \ Cluster \ ld2015_6types. tif'
dataset = gdal. Open (filepath)
data_width = dataset. RasterXSize
data_height = dataset. RasterYSize
data = dataset. ReadAsArray (0, 0, data_width, data_height)
X = np. vstack (data. ravel ())
kmeans = KMeans (n_clusters = 3)      # 构造一个聚类个数为 3 的聚类器
kmeans. fit (X)                        # 聚类
label = kmeans. labels_               # 获取类别标签
Z = np. reshape (label, (data_height, data_width))
driver = gdal. GetDriverByName ("GTiff")
outdata = driver. Create (r'D: \ x \ Python_test \ Cluster \ result. tif',
                          ysize = data_height, xsize = data_width, bands = 1)
outband = outdata. GetRasterBand (1)
outband. WriteArray (Z)
outdata. FlushCache ()
outdata = None
```

聚类结果共分为 3 类，其中 1 种类型为背景值，另外 2 种类型根据 6 种土地利用类型聚类而成。

4.11　叠置分析

栅格数据的叠置分析是指将两个或以上的栅格数据进行空间上的重叠，以产生一个新的栅格数据。新栅格数据的属性值由原栅格数据按照一定规则综合而获得。在 GIS 空间分析中，叠置分析常用于评估土地能力、多要素合并、空间修正与更新等。本节将通过一个常见实例简要介绍叠置分析功能的代码实现。

现已收集两份栅格数据，分别为同一区域范围的土地利用数据和道路数据。通过叠置分析，我们可以得到一份同时包含道路数据的土地利用数据，即将两份栅格数据叠加，将土地利用数据中道路所在位置更换为道路。具体功能实现如图 4-25 所示。

图 4-25　叠置分析功能示意图

首先，导入必要的第三方模块，打开两份栅格数据。

```
from osgeo import gdal
road = gdal. Open (r'D:\x\Python_test\Overlay_tif\roads_ls. tif')    # 道路数据
ld = gdal. Open (r'D:\x\Python_test\Overlay_tif\ld2018_ls. tif')  # 土地利用数据
```

其次，获取两份栅格数据的必要信息，并将属性值存储至 numpy 数组。

```
trans = ld. GetGeoTransform ()        # 获取土地利用数据的角点坐标、分辨率
proj = ld. GetProjection ()           # 获取土地利用数据的空间坐标系
cols = ld. RasterXSize               # 获取土地利用数据的列数
rows = ld. RasterYSize               # 获取土地利用数据的行数
ldBand = ld. GetRasterBand (1)       # 读取土地利用数据的第 1 个波段
ldData = ldBand. ReadAsArray (0, 0, cols, rows)# 将土地利用数据属性值存储至数组
ldNoData = ldBand. GetNoDataValue ()         # 获取土地利用数据的背景值

roadBand = road. GetRasterBand (1)          # 读取道路数据的第 1 个波段
roadData = roadBand. ReadAsArray (0, 0, cols, rows) # 将道路数据属性值存储至数组
roadNoData = roadBand. GetNoDataValue ()      # 获取道路数据的背景值
```

再次，通过 for 循环遍历数组元素，依据 if 语句设置填入数值的规则。规则为：若道路数据属性值数组遍历到值为 100(道路出现的位置)时，则结果数组在该位置的属性

值也为 100；若道路数据属性值数组遍历的值不是 100（不是道路所在位置）时，则结果数组在该位置的属性值与土地利用数据相同。

```
result = ldData    # 创建一个结果数组 result
for i in range (0, rows):
  for j in range (0, cols):
    if (roadData[i, j] == 100):
      result[i, j] = 100
    else:
      result[i, j] = ldData[i, j]
```

最后，将填入数值的数组 result 输出为新的栅格数据。

```
resultPath = r'D:\x\Python_test\Overlay_tif\overlay_result.tif'
driver = gdal.GetDriverByName ("GTiff")
ds = driver.Create (resultPath, cols, rows, 1, gdal.GDT_Int32)
ds.SetGeoTransform (trans)
ds.SetProjection (proj)
ds.GetRasterBand (1).SetNoDataValue (ldNoData)
ds.GetRasterBand (1).WriteArray (result)
ds.FlushCache ()
ds = None
```

叠置分析结果如图 4-26 所示，可以看到结果栅格数据将土地利用数据与道路数据整合在一起，且属性值同原栅格数据一致。

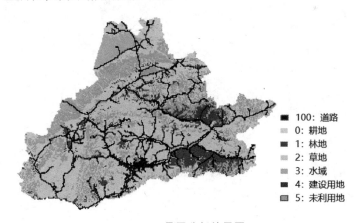

图 4-26 叠置分析结果图

完整代码示例如下：

```
from osgeo import gdal

road = gdal. Open (r'D: \ x \ Python _ test \ Overlay _ tif \ roads _ ls. tif')
ld = gdal. Open (r'D: \ x \ Python _ test \ Overlay _ tif \ ld2018 _ ls. tif')
trans = ld. GetGeoTransform ()
proj = ld. GetProjection ()
cols = ld. RasterXSize
rows = ld. RasterYSize
ldBand = ld. GetRasterBand (1)
ldData = ldBand. ReadAsArray (0, 0, cols, rows)
ldNoData = ldBand. GetNoDataValue ()

roadBand = road. GetRasterBand (1)
roadData = roadBand. ReadAsArray (0, 0, cols, rows)
roadNoData = roadBand. GetNoDataValue ()

result = ldData

for i in range (0, rows):
    for j in range (0, cols):
        if (roadData[i, j] == 100):
            result[i, j] = 100
        else:
            result[i, j] = ldData[i, j]

resultPath = r'D: \ x \ Python _ test \ Overlay _ tif \ overlay _ result. tif'
driver = gdal. GetDriverByName ("GTiff")
ds = driver. Create (resultPath, cols, rows, 1, gdal. GDT _ Int32)
ds. SetGeoTransform (trans)
ds. SetProjection (proj)
ds. GetRasterBand (1). SetNoDataValue (ldNoData)
ds. GetRasterBand (1). WriteArray (result)
ds. FlushCache ()
ds = None
```

第 5 章 矢量数据的空间分析

5.1 矢量裁剪

矢量裁剪顾名思义，是指使用一个矢量数据裁剪另一个矢量数据，是矢量数据空间分析中常使用的数据处理工具。例如，如果已有中国范围路网数据和中国省级行政边界数据，那么通过每个省份的边界数据可对路网数据进行裁剪，得到每个省份独立的路网数据，便于进行省份内部的后续分析；当想知道距离城市商业中心 1 km 范围内的楼房分布时，可首先对商业中心点要素制作缓冲区面要素，其次使用这些缓冲区裁剪城市楼房分布数据，便可达到目的。

本节将使用 geopandas 模块内的 clip（）函数实现矢量裁剪功能。clip（）函数的调用格式为：

geopandas. clip（gdf, mask）

clip（）函数的输入和输出如表 5-1 所示。

表 5-1　clip（）函数的输入和输出

参数	含义	返回
gdf	被裁剪的矢量数据，形式为 geopandas 模块中的数据类型 DataFrame 或 Series	裁剪后的矢量数据，形式为 DataFrame 或 Series
mask	用于裁剪的矢量数据，通常被称为"掩膜"，形式为 geopandas 模块中的数据类型 DataFrame 或 Series	

需要注意的是，clip（）函数返回结果的数据形式为 DataFrame 或 Series，并非 Shapefile 文件，因此裁剪结果通常搭配 plot（）函数做图片形式的展示。但实际上，在更多情况下还是希望将裁剪结果直接输出为 Shapefile 矢量数据。

为了将 DataFrame 形式的数据输出为 Shapefile 文件，可以使用 DataFrame（）类中的函数 to_file（），其调用格式为：

DataFrame. to_file（filename）

其中，DataFrame 是需要输出为 Shapefile 文件的 DataFrame 对象名称，filename 为包含输出 Shapefile 文件路径和文件名的字符串。

下面将使用真实数据演示矢量裁剪的代码实现。具体使用的数据为两份 Shapefile 文件，分别为某区域道路矢量数据和该区域内特定范围边界矢量数据，如图 5-1 和图 5-2 所示。为获得特定范围的道路矢量数据，可分三步实现：第一步，通过 DataFrame 的索引功能指定用于裁剪的矢量数据为"特定范围"；第二步，使用"特定范围"的矢量数据裁剪该区域道路矢量数据；第三步，将裁剪结果输出为 Shapefile 文件并保存到指定路径。

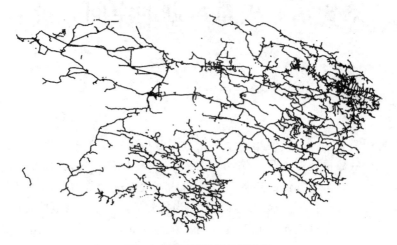

图 5-1　某区域道路矢量数据

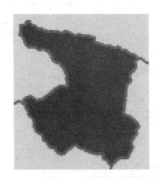

图 5-2　某区域内特定范围边界矢量数据

首先，导入必要的第三方模块，读取两个矢量数据。读取矢量数据常使用 read_file()函数，该函数的详细介绍可参考 6.4.1 节内容。

```
import geopandas as gpd
# 读取某区域道路矢量数据
roads = gpd. read_file (r"D: \ x \ Python_test \ ShpClipShp \ road_clip_wgs84. shp")
# 读取"特定范围"边界矢量数据
boundary = gpd. read_file (r"D: \ x \ Python_test \ ShpClipShp \ region_wgs84. shp")
```

其次，指定用于裁剪的矢量数据为"特定范围"。具体方法为将上一步读入的 DataFrame 对象 boundary 中"特定范围"所在行赋予新对象 mask。

```
mask = boundary[boundary['CityNameC'] == "特定范围"]
```

在创建好裁剪对象和被裁剪对象后，使用 clip()函数进行矢量裁剪。

```
roads_clip = gpd. clip (gdf = roads, mask = mask)
```

最后，将裁剪结果 roads_clip 对象输出为 Shapefile 文件并保存到指定路径。

```
roads_clip. to_file (r"D：\ x \ Python_test \ ShpClipShp \ result. shp")
```

完整代码示例如下：

```
import geopandas as gpd
roads = gpd. read_file (r"D：\ x \ Python_test \ ShpClipShp \ road_clip_wgs84. shp")
boundary = gpd. read_file (r"D：\ x \ Python_test \ ShpClipShp \ region_wgs84. shp")
mask = boundary[boundary['CityNameC'] == "特定范围"]
roads_clip = gpd. clip (gdf = roads，mask = mask)
roads_clip. to_file (r"D：\ x \ Python_test \ ShpClipShp \ result. shp")
```

裁剪结果 Shapefile 文件（result. shp）如图 5-3 中白色线要素所示。

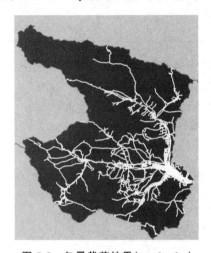

图 5-3　矢量裁剪结果（result. shp）

5.2　矢量融合

将矢量数据中的某些要素合并为一个要素的过程被称为矢量数据的融合（dissolve），简称矢量融合。合并依据矢量数据的属性表字段，即将具有相同字段属性值的要素进行合并。矢量融合的应用场景如下：我国行政边界的划定有着严格的操作流程，当需要获取一个准确且官方的省级行政边界时，通常的做法是使用该省份最精细一级的行政边界（如县级边界），通过合并每个县级区域内部边界、仅保留省份外围边界的方式得到。如果这些行政边界均以矢量数据面要素的形式呈现，那么上述做法的技术实现为将县级边界数据中属于该省份的所有面要素合并为一个面要素，即可以使用矢量融合实现。本节将以矢量面要素为例，展示矢量融合的代码实现。

使用 geopandas 模块 DataFrame()类中的 dissolve () 函数实现矢量融合功能。dissolve () 函数的调用格式为：

```
DataFrame. dissolve (by，aggfunc = 'first')
```

dissolve（）函数的输入和输出如表 5-2 所示。

表 5-2　dissolve（）函数的输入和输出

参数	含义	返回
by	合并面要素所依据的属性表字段名称。可依据单一字段，形式为字符串；也可同时依据多个字段，形式为字符串列表	合并后的矢量数据，形式为 Dat-aFrame
aggfunc	当矢量数据属性表字段有多个时，决定合并要素后除 by 所指定的字段之外其他字段是否保留以及保留值。常见形式包括： ·保留所有字段时，形式为字符串，如"first"（默认值）、"last"，即合并后的要素保留第一个、最后一个要素的字段值；"sum""mean"即合并后的要素值为合并前多要素值的和、平均值 ·保留指定字段时，形式为字典，键为需要保留的字段名称，值为保留方式的字符串，如"{'字段 1'：'sum'，'字段 2'：'mean'}"	

下面将使用真实示例演示矢量融合的代码实现。具体使用的数据为青海省地级市行政边界矢量数据，该数据的属性表如图 5-4 所示。通过矢量融合，可以实现将青海省的多个面要素基于指定字段进行合并，本节演示的功能如下：①将"海南藏族自治州"等具有两个及以上面要素的城市合并为一个面要素；②将所有面要素合并以制作青海省行政边界。

FID	Shape	AREA	PERIMETER	SHI_D	SHI	OID_	F4	CityNameC
0	面	253024000000	3282980	659	632800	318	青海省	海西蒙古族藏族自
1	面	34407500000	1636310	671	632200	313	青海省	海北藏族自治州
2	面	7553420000	524682	842	630100	311	青海省	西宁市
3	面	43526800000	1287920	862	632500	315	青海省	海南藏族自治州
4	面	12988900000	756935	870	632100	312	青海省	海东地区
5	面	204940000000	3502800	878	632700	317	青海省	玉树藏族自治州
6	面	2103430	8858.46	911	632100	312	青海省	海东地区
7	面	18038700000	1116260	916	632300	314	青海省	黄南藏族自治州
8	面	47794500000	1202380	926	632800	318	青海省	海西蒙古族藏族自
9	面	74233400000	1989770	928	632600	316	青海省	果洛藏族自治州
10	面	161069000	78029.2	943	632500	315	青海省	海南藏族自治州

图 5-4　青海省地级市行政边界矢量数据属性表

首先，导入必要的第三方模块，读取矢量数据。

```
import geopandas as gpd
shi = gpd. read _ file (r"D：\ x \ qinghai _ wgs84. shp", encoding = "utf _ 8")
```

其次，使用 dissolve（）函数对矢量数据进行融合。根据两个融合目标分别设置 dissolve（）函数的不同参数：

1. 制作青海省行政边界

由图 5-4 可知，属性表中"F4"字段值均为"青海省"，因此参数设置中将"F4"作为合并面要素所依据的属性表字段名称，具体参数设置如下：

```
sheng = shi. dissolve (by = ['F4'])
```

2. 合并含两个及以上面要素的城市

由图 5-4 可知，青海省有的城市（如海南藏族自治州）具有两个面要素，其"SHI"

"CityNameC"等字段值相同。因此，若将这些面要素合并，则可以选择将属性表中 "SHI"和"F4"作为合并面要素所依据的属性表字段名称，具体参数设置如下：

```
shi _ dissolve = shi. dissolve (by = ['SHI', 'F4'], aggfunc = {'AREA'：'sum'})
```

最后，将融合后的 DataFrame 对象输出为 Shapefile 文件并保存到指定路径。

```
sheng. to _ file (r"D：\ x \ dissolve _ sheng. shp")
shi _ dissolve. to _ file (r"D：\ x \ dissolve _ shi. shp")
```

完整代码示例如下：

```
import geopandas as gpd
shi = gpd. read _ file (r"D：\ qinghai _ wgs84. shp", encoding="utf _ 8")
sheng = shi. dissolve (by = ['F4'])
shi _ dissolve = shi. dissolve (by = ['SHI', 'F4'], aggfunc = {'AREA'：'sum'})
sheng. to _ file (r"D：\ x \ dissolve _ sheng. shp")
shi _ dissolve. to _ file (r"D：\ x \ dissolve _ shi. shp")
```

"合并含两个及以上面要素的城市"功能实现前后属性表对比如图 5-5 所示。

FID	Shape	AREA	PERIMETER	SHI_D	SHI	OID_	F4	CityNameC
0	面	253024000000	3282980	659	632800	318	青海省	海西蒙古族藏族自
1	面	34407500000	1636310	671	632200	313	青海省	海北藏族自治州
2	面	7553420000	524682	842	630100	311	青海省	西宁市
3	面	43526800000	1287920	862	632500	315	青海省	海南藏族自治州
4	面	12988900000	756935	870	632100	312	青海省	海东地区
5	面	204940000000	3502800	878	632700	317	青海省	玉树藏族自治州
6	面	2103430	8858.46	911	632100	312	青海省	海东地区
7	面	18038700000	1116210	916	632300	314	青海省	黄南藏族自治州
8	面	47794500000	1202380	926	632800	318	青海省	海西蒙古族藏族自
9	面	74233400000	1989770	928	632600	316	青海省	果洛藏族自治州
10	面	161069000	78029.2	943	632500	315	青海省	海南藏族自治州

FID	Shape	SHI	F4	AREA
0	面	630100	???	7553420000
1	面	632100	???	12991003430
2	面	632200	???	34407500000
3	面	632300	???	18038700000
4	面	632500	???	43687869000
5	面	632600	???	74233400000
6	面	632700	???	204940000000
7	面	632800	???	300818500000

（a）矢量融合前　　　　　　　　　　　　（b）矢量融合后

图 5-5　"合并含两个及以上面要素的城市"功能实现前后属性表对比

5.3　叠置分析

根据矢量要素图形特征，矢量数据的叠置分析可分为点与面的叠置、线与面的叠置、面与面的叠置。其中，点与面、线与面的叠置分析通常用于判断点、线要素与面要素之间的关系，即是否落在面要素内；而面与面的叠置分析则通过两个面要素的重叠，产生新的面要素，在日常应用（如区域规划、选址问题等）中发挥着重要作用。因此，本节将着重介绍矢量数据中面要素与面要素叠置分析的代码实现。

面与面要素的常见叠置操作包括合并（union）、相交（intersection）、差（difference）、对称差（symmetric difference），叠置操作示意图如表 5-3 所示，其中灰色面积即叠置操作后新的面要素。

表 5-3　面与面要素的常见叠置操作示意图

操作名称	操作示意图
合并	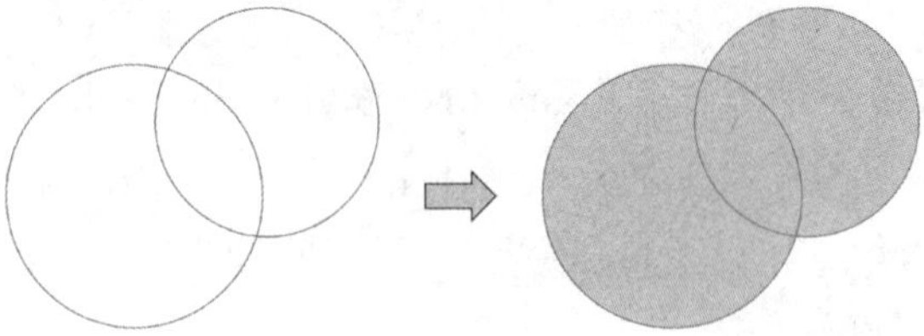
相交	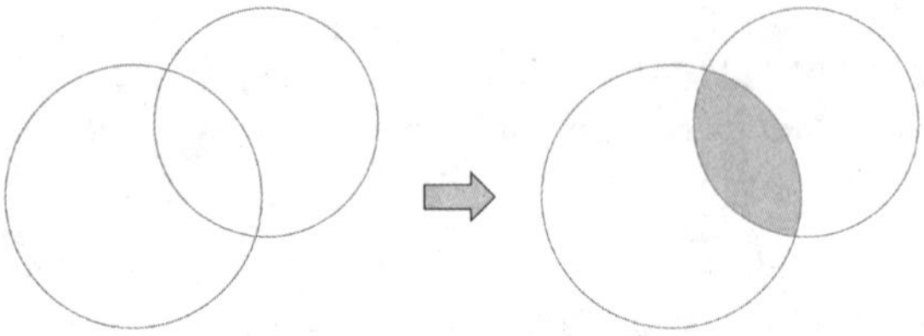
差	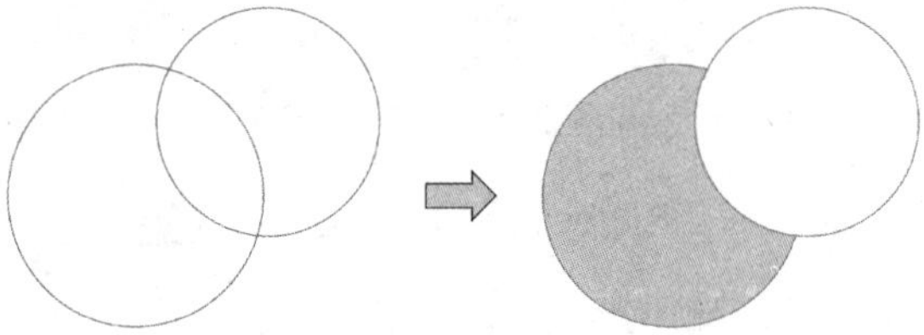
对称差	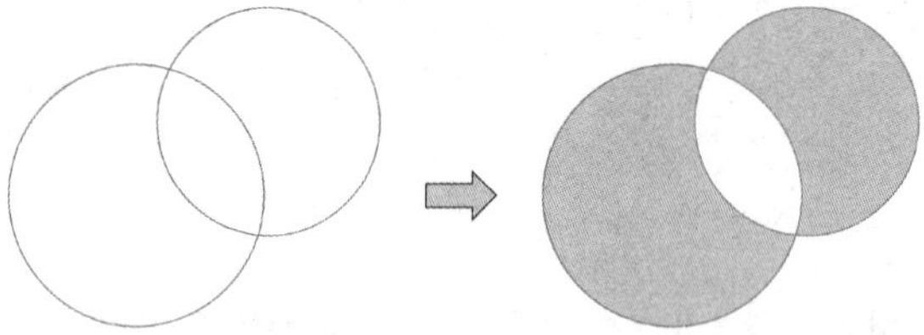

第三方模块 geopandas 中的 overlay（）函数可实现矢量数据的叠置操作。overlay（）函数的调用格式为：

geopandas. overlay（df1，df2，how ＝ 'intersection'）

overlay（）函数的输入和输出如表 5-4 所示。

表 5-4　overlay（）函数的输入和输出

参数	含义	返回
df1	矢量数据 1，形式为 DataFrame	叠置操作后具有新形状的矢量数据，形式为 DataFrame
df2	矢量数据 2，形式为 DataFrame	
how	叠置操作的类型，形式为字符串。可选择的类型包括 'intersection' 'union' 'difference' 'symmetric _ differ- ence'，其中，how ＝ 'difference'时，矢量数据 1 和矢量数据 2 的顺序对叠置结果有影响，其他操作类型无须考虑顺序	

下面将演示上述 4 个叠置操作的代码实现，所使用的数据为两个 Shapefile 圆形面要素，二者有部分面积重叠，具体位置关系如图 5-6 所示。

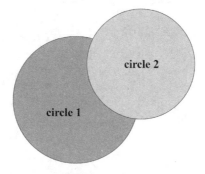

图 5-6　矢量叠置实例的具体位置关系

首先，导入必要的第三方模块 geopandas，读取两个矢量数据。

```
import geopandas as gpd
c1 = gpd. read _ file (r"D：\ x \ Python _ test \ Overlay \ circle1. shp")
c2 = gpd. read _ file (r"D：\ x \ Python _ test \ Overlay \ circle2. shp")
```

其次，使用 overlay（）函数对两个矢量数据进行指定叠置操作。

```
# 合并操作
union _ result = gpd. overlay (df1 = c1, df2 = c2, how = 'union')
# 相交操作
intersect _ result = gpd. overlay (df1 = c1, df2 = c2, how = 'intersection')
# 差操作
difference _ result1 = gpd. overlay (df1 = c1, df2 = c2, how = 'difference')
# 差操作，调换两个矢量数据的位置
difference _ result2 = gpd. overlay (df1 = c2, df2 = c1, how = 'difference')
# 对称差操作
sd _ result = gpd. overlay (df1 = c1, df2 = c2, how = 'symmetric _ difference')
```

最后，将叠置操作后具有新形状的面要素矢量数据输出为 Shapefile 文件并保存到指定路径。

```
union _ result. to _ file (r"D：\ x \ Python _ test \ Overlay \ union. shp")
intersect _ result. to _ file (r"D：\ x \ Python _ test \ Overlay \ intersection. shp")
difference _ result1. to _ file (r"D：\ x \ Python _ test \ Overlay \ difference1. shp")
difference _ result2. to _ file (r"D：\ x \ Python _ test \ Overlay \ difference2. shp")
sd _ result. to _ file (r"D：\ x \ Python _ test \ Overlay \ symmetric _ difference. shp")
```

不同叠置操作的结果如表 5-5 所示。

表 5-5　不同叠置操作的代码实现结果

操作名称	代码实现结果
合并	
相交	
差(结果 1)	
差(结果 2)	
对称差	

5.4　缓冲区分析

　　缓冲区分析是矢量数据空间分析中最常用的方法之一，在城市规划、交通等领域应用广泛。所谓缓冲区(buffer)，是指在矢量数据周围一定距离阈值内的区域。该阈值通常是常数。不同类型的矢量数据的缓冲区如表 5-6 所示。

表 5-6　不同类型矢量数据的缓冲区示例

	点要素	线要素	面要素
实例		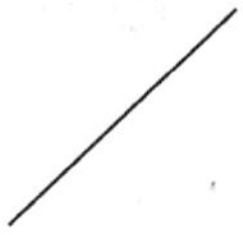	
缓冲区 （灰色区域）	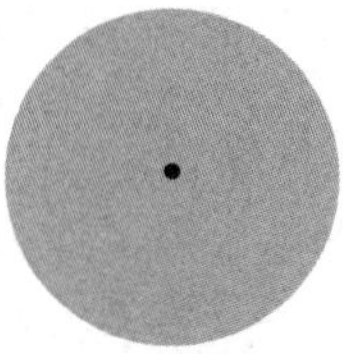	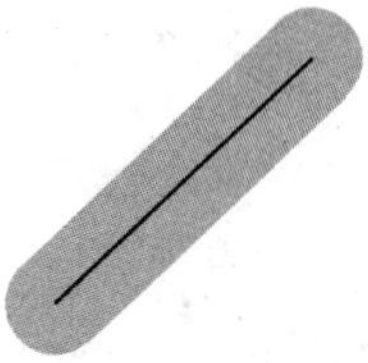	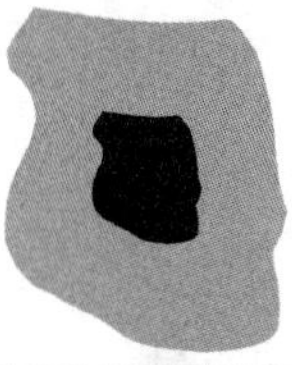

当存在多个缓冲区时，可以对缓冲区进行相交、合并（融合）、裁剪等运算，如表 5-7 所示。本节将分别介绍缓冲区的建立和运算方法。

表 5-7　缓冲区运算的示意图

两个点要素缓冲区	相交	合并	裁剪
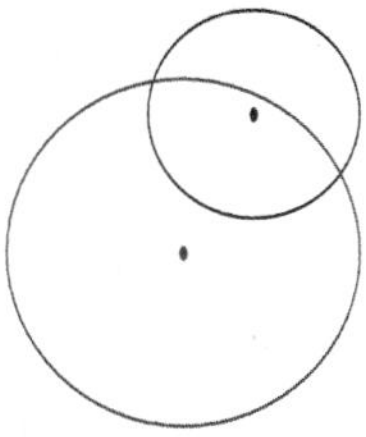	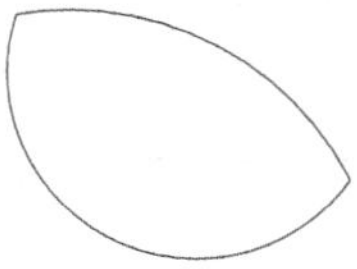	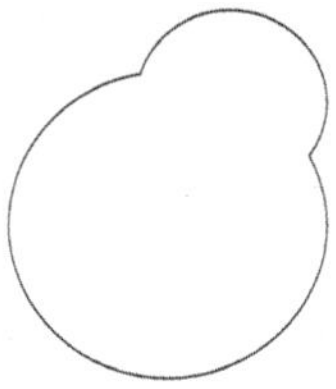	

5.4.1　建立缓冲区

借助第三方模块 shapely 可建立不同类型矢量数据（点、线、面要素）的缓冲区。在 shapely 中，处理点、线、面要素的几何类型分别是 Point、LineString 和 Polygon。建立缓冲区时所调用的方法为 buffer（），调用格式为：

object. buffer（distance）

其中，object 是 Point、LineString 或 Polygon 的几何类型名，distance 是距离阈值。

建立缓冲区的过程如下：

1. 从 shapely. geometry 模块中引入几何类型

from shapely. geometry import Point，LineString，Polygon

2. 将几何类型实例化为几何对象

Point 实例化形式：

Point（x，y）

LineString 实例化形式：

LineString（[(x1，x2)，(y1，y2)]）

Polygon 实例化形式 1：

Polygon（[(x1，x2)，(y1，y2)，(y3，y3)，…]）

Polygon 实例化形式 2：

line ＝ LineString（[(x1，x2)，(y1，y2)，(y3，y3)，…]）
Polygon（line）

3. 根据距离阈值，建立几何对象的缓冲区

object. buffer（distance）

代码示例如下：

```
from shapely. geometry import Point，Polygon，LineString
# 实例化几何对象
point ＝ Point（1，1）
line ＝ LineString（[(0.1，0.1)，(2，3)]）
polygon ＝ Polygon（[(0.1，0.1)，(2，3)，(1，1)]）
# 建立缓冲区
a ＝ point. buffer（2）
b ＝ line. buffer（0.9）
c ＝ polygon. buffer（0.5）
```

得到的点、线、面要素缓冲区结果分别如图 5-7、图 5-8、图 5-9 所示。可以看出，缓冲区实际上是 shapely 几何对象中的 Polygon 类型。

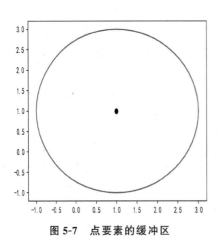

图 5-7　点要素的缓冲区

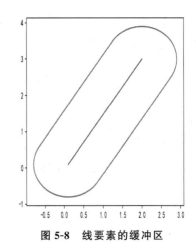

图 5-8　线要素的缓冲区

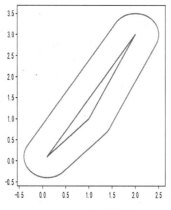

图 5-9　面要素的缓冲区

5.4.2　缓冲区运算

由于点、线、面要素得到的缓冲区的形状均为多边形，因此三类矢量数据的缓冲区运算具有相似的代码实现方式。本节将以点要素的缓冲区运算为例，介绍两个点要素缓冲区进行相交、合并、裁剪操作的代码实现。

1. 相交（intersection）

求两个缓冲区相交部分的方法为 intersection（），该方法是 shapely 中几何对象所具有的方法，调用格式为：

```
a. intersection（b）
```

其中，a 和 b 均为几何对象，此处即为代表缓冲区的 Polygon 几何对象。

代码示例如下：

```
from shapely. geometry import Point

# 定义两个点
pointA = Point（1，1）
pointB = Point（2，3）

# 建立缓冲区
a = pointA. buffer（2.5）
b = pointB. buffer（1.5）

# 相交
inter = a. intersection（b）
```

得到的缓冲区相交结果如图 5-10 所示。

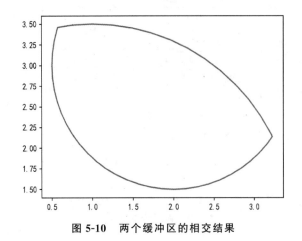

图 5-10　两个缓冲区的相交结果

2. 合并 (union)

求两个缓冲区并集的方法为 union ()，该方法也是 shapely 中几何对象所具有的方法，调用格式为：

a. union (b)

其中，*a* 和 *b* 均为几何对象，此处即为代表缓冲区的 Polygon 几何对象。

代码示例如下：

```
from shapely. geometry import Point

# 定义两个点
pointA = Point (1, 1)
pointB = Point (2, 3)

# 建立缓冲区
a = pointA. buffer (2.5)
b = pointB. buffer (1.5)

# 合并
union = a. union (b)
```

得到的缓冲区合并结果如图 5-11 所示。

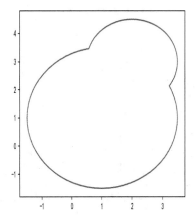

图 5-11　两个缓冲区的合并结果

3. 裁剪（difference）

缓冲区的裁剪运算通过 difference（）方法实现，调用格式为：

a. difference（b）

其中，*a* 为裁剪的缓冲区，*b* 为被裁剪的缓冲区。

代码示例如下：

```
from shapely. geometry import Point

＃定义两个点
pointA ＝ Point（1，1）
pointB ＝ Point（2，3）

＃建立缓冲区
a ＝ pointA. buffer（2. 5）
b ＝ pointB. buffer（1. 5）

＃ 裁剪
diff1 ＝ a. difference（b）    ＃ 在a的范围中裁剪掉b所在的范围
diff2 ＝ b. difference（a）    ＃ 在b的范围中裁剪掉a所在的范围
```

得到的 diff1 和 diff2 缓冲区裁剪结果分别如图 5-12、图 5-13 所示。

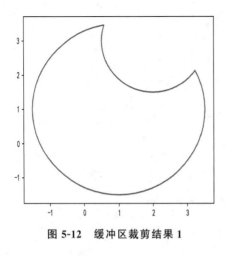

图 5-12　缓冲区裁剪结果 1

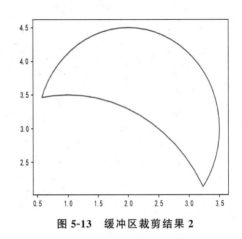

图 5-13　缓冲区裁剪结果 2

5.5　空间插值

矢量数据的空间插值是指根据研究区内有限个位置上的已知属性值(已知点的属性值),推算剩余位置上的未知属性值(未知点的属性值)。由于剩余位置(未知点)的个数取决于空间分辨率,因此进行空间插值时往往需要提前指定插值结果的空间分辨率。在确定了空间分辨率后,空间插值实则为推算以网格状排列的、新位置的属性值,如图 5-14 所示,也正因此,空间插值有时也称为网格插值。从数据形式的角度而言,空间插值实现了从离散的点要素向栅格数据的转换。

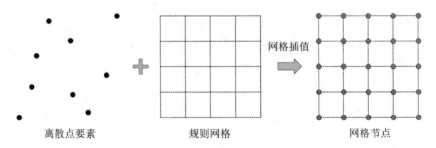

离散点要素　　　　　规则网格　　　　　网格节点

图 5-14　空间插值(网格插值)的功能示意图

空间插值方法具有多种分类方法。例如,根据推算单点属性值时是否参考了全部已知属性值分为全局插值法(global interpolation)和局部插值法(local interpolation);根据是否可进行误差评价分为确定性插值法(deterministic interpolation)和统计性插值法(stochastic interpolation)。本节采用的分类方法为确定性插值法和统计性插值法。

5.5.1　确定性插值法

确定性插值法是指基于未知点周围已知点的属性值和特定的数学公式推算未知点的属性值。其典型代表包括最近邻插值方法、双线性(bilinear)插值方法。

1. 背景知识

(1) 最近邻插值方法。

每个未知点的属性值等于其最近邻的已知点的属性值。例如，假设有两个已知点（如图 5-15(a) 所示的实心点），已知点的横坐标（横轴在图中标记为 c 轴，即 column 轴、列轴）、纵坐标（纵轴在图中标记为 r 轴，即 row 轴、行轴）、属性值均在图中显示。假设未知点有 9 个，如图 5-15(b) 所示的虚点。采用最近邻插值方法时，每个虚点的属性值等于其最近邻的实心点的属性值，结果如图 5-15(b) 所示。

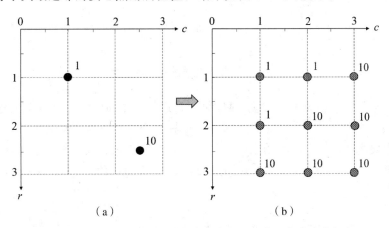

图 5-15　最近邻插值方法示例（实心点为已知点，虚点为未知点）

(2) 双线性插值方法。

理解双线性插值方法前，先介绍一维情况下的线性插值方法。为方便表述，将此时的线性插值方法称为"单线性插值方法"。其原理是指根据距离未知点最近的两个已知点的属性值，通过线性运算的方式推算未知点的属性值，具体的线性运算公式为：

$$M = \frac{c_2 - c}{c_2 - c_1} M_1 + \frac{c - c_1}{c_2 - c_1} M_2$$

其中，M 为未知点的属性值，M_1 和 M_2 为距离未知点最近的两个已知点的属性值，c、c_1、c_2 分别表示未知点 M、已知点 M_1 和 M_2 的横坐标值，示意图如图 5-16 所示。

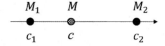

图 5-16　单线性插值方法示意图

在二维空间中，单线性插值对应的版本称为"双线性插值"。所谓"双线性插值"，可顾名思义地理解为进行了两轮单线性插值。矢量数据双线性插值的核心思路包括以下步骤：①找到距离未知点最近的 3 个点，且使得这 3 个点连线组成的三角形能够覆盖已知点；②进行第一轮单线性插值，将未知点的求解问题转换为纵轴（横轴）方向的单线性插值问题；③在纵轴（横轴）方向进行第二轮单线性插值，获得未知点的属性值。以图 5-17 为例，此时的未知点是 P，3 个已知点是 M_1、M_2、M_3。

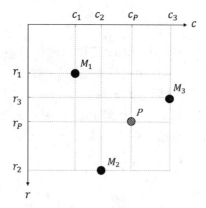

图 5-17 双线性插值方法示意图

在第一轮单线性插值中，计算 M_2 和 M_3 连线上与 P 具有相同横坐标的辅助点 N_1 的属性值，并计算 M_1 和 M_3 连线上与 P 具有相同横坐标的辅助点 N_2 的属性值。在第二轮单线性插值中，以辅助点 N_1 和 N_2 为已知点，通过单线性插值求取 P 的属性值，如图 5-18(a)所示。注意，辅助点也可以与 P 具有相同纵坐标，如图 5-18(b)所示。

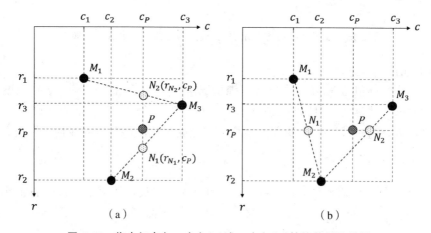

图 5-18 将未知点向 r 方向(a)或 c 方向(b)转换的插值情景

以图 5-18(a)为例，辅助点 N_1 和 N_2 以及未知点 P 的求解公式为：

$$N_1 = \frac{d_{N_1 M_2}}{d_{M_2 M_3}} M_3 + \frac{d_{N_1 M_3}}{d_{M_2 M_3}} M_2$$

$$N_2 = \frac{d_{N_2 M_1}}{d_{M_1 M_3}} M_3 + \frac{d_{N_2 M_3}}{d_{M_1 M_3}} M_1$$

$$P = \left(\frac{r_P - r_{N_2}}{r_{N_1} - r_{N_2}} \right) N_1 + \left(\frac{r_{N_1} - r_P}{r_{N_1} - r_{N_2}} \right) N_2$$

2. 代码实现

本节将使用 scipy.interpolate 模块内的 griddata（）函数实现上述确定性插值。

griddata（）函数的调用格式为：

```
griddata（points，values，xi，method ＝ 'linear'）
```

griddata（）函数的输入和输出如表 5-8 所示。

表 5-8 griddata（）函数的输入和输出

参数	含义	返回
points	已知点的位置，最简单的输入格式是嵌套的列表（注意有不止一种输入格式），形式为 $[[x_a，y_a]，[x_b，y_b]，\cdots]$，其中 x_a、x_b、$\cdots$ 为已知点 A、B、$\cdots$ 的横坐标，y_a、y_b、$\cdots$为已知点 A、B、$\cdots$ 的纵坐标	未知点（网格节点）的属性值。形式与 xi 相同
values	已知点的属性值，最简单的输入格式是列表（注意有不止一种输入格式），值顺序与 points 中的位置顺序逐一对应	
xi	未知点（网格节点）的位置，最简单的输入格式是嵌套的列表（注意有不止一种输入格式），形式为：$[[[x_{11}，y_{11}]，[x_{12}，y_{12}]，\cdots，[x_{1n}，y_{1n}]]$，$[[x_{21}，y_{21}]，[x_{32}，y_{32}]，\cdots，[x_{2n}，y_{2n}]]$，$[[x_{31}，y_{31}]，[x_{32}，y_{32}]，\cdots，[x_{3n}，y_{3n}]]$，$\cdots$ $[[x_{m1}，y_{m1}]，[x_{m2}，y_{m2}]，\cdots，[x_{mn}，y_{mn}]]]$ 其中 m 和 n 是插值网格的行、列数，x_{ij} 和 y_{ij}（$1 \leqslant i \leqslant m$，$1 \leqslant j \leqslant n$）分别为第 i 行第 j 列上节点的横坐标值、纵坐标值	
method	选定插值方法，有 3 种方法供选择：最近邻（nearest）、线性（linear）、三次（cubic）插值。其中线性插值法为本节中介绍的双线性插值方法	

3. 实例展示

（1）实例 1：最近邻插值法。

接下来以图 5-15 为例，演示最近邻插值法的使用。首先，导入必要的第三方模块，并将已知点的位置、属性值分别赋予 points 和 values 变量。

```
from scipy. interpolate import griddata
points ＝ [[1，1]，[2.5，2.5]]
values ＝ [1，10]
```

其次，将未知点（网格节点）的位置赋予变量 xi。

```
xi ＝ [[[1，1]，[1，2]，[1，3]]，
    [[2，1]，[2，2]，[2，3]]，
    [[3，1]，[3，2]，[3，3]]]
```

最后，使用 griddata（）函数实现网格插值。

```
grid _ data1 ＝ griddata（points，values，xi，method ＝ 'nearest'）
```

使用下列代码查看结果。

```
print(grid_data1)
>>>
[[ 1 1 10]
 [ 1 10 10]
 [10 10 10]]
```

（2）实例2：线性插值法。

接下来以图5-19为例，演示线性插值法的使用。线性插值法与最近邻插值法大同小异，区别仅在于修改griddata()函数中method参数的值为'linear'。

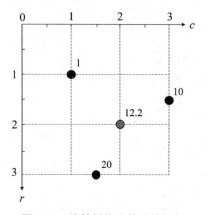

图 5-19　线性插值法的实验数据

完整代码示例如下：

```
from scipy.interpolate import griddata
points = [[1,1],
          [3,1.5],
          [1.5,3]]
values = [1,10,20]
xi = [2,2]
grid_data2 = griddata(points,values,xi,method='linear')
print(grid_data2)
>>>
[12.2]
```

5.5.2　统计性插值

统计性插值（地统计插值）是指基于未知点的统计特征推算未知点的属性值。其典型代表是系列的克里金插值方法，包括普通克里金（Ordinary Kriging）、泛克里金（Universal Kriging）、块状克里金（Block Kriging）、协同克里金（Co—Kriging）等。

克里金插值是GIS空间分析领域学者耳熟能详的插值方法，并且相当流行。该方法可追溯至法国数学家乔治斯·马瑟伦（Georges Matheron）于1963年在 *Economic Ge-*

ology 期刊发表的题为 *Principles of Geostatistics* 的论文。方法名称中的"克里金"是马瑟伦为了纪念南非金矿工程师丹尼·克里格（Danie Krige）在该领域的开创性研究而设立的。

本节将介绍普通克里金插值的 Python 代码实现。注意，下文所提及的克里金插值均指普通克里金插值。Python 提供了多种实现克里金插值的第三方模块，pykrige 模块是其中最为常用、评分较高的一种。使用 pykrige 模块实现克里金插值分为两步：

1. 实例化 pykrige 模块的 OrdinaryKriging（）类

"类"是指一个库中特定变量和作用于变量的方法或函数的抽象集合，在"实例化"后才能使用。实例化时需要给定类要求的参数。OrdinaryKriging（）类的实例化格式如下：

OrdinaryKriging（x，y，z，variogram_model = 'linear'）

其中，x、y、z 分别是已知点横坐标值列表、纵坐标值列表、属性值列表。variogram_model 规定克里金插值中所用到的变异函数，默认值为"linear"。其他可选择的变异函数为 power、gaussian、spherical、exponential、hole-effect 等，不同变异函数的说明可见 pykrige 模块的官方文档：https://buildmedia.readthedocs.org/media/pdf/pykrige/latest/pykrige.pdf。

2. 调用类中的 execute（）函数实现克里金插值

execute（）函数的调用格式为：

zvalues，error = execute（style，xpoints，ypoints，mask = None）

execute（）函数的输入和输出如表 5-9 所示。

表 5-9　execute（）函数的输入和输出

参数	含义	返回
style	规定了对未知点的描述方式，共有 3 种方式（可选值）： ·"grid"表示未知点将组成网格，并只描述网格中每列格子的横坐标（使用参数 xpoints）和每行格子的纵坐标（使用参数 ypoints） ·"points"表示将描述每个未知点的横坐标（使用参数 xpoints）和纵坐标（使用参数 ypoints）。每个点的位置由 xpoints 和 ypoints 列表内相同索引值的元素构成 ·"masked"是"grid"模式的高级版，可以指定无须插值的位置。该模式需要和参数"mask"配合使用	zvalues 和 error 分别是未知点的插值结果和误差，其中： ·style 为"grid"或"masked"时，zvalues 和 error 均为 numpy 二维数组，数组中的元素和网格中的未知点逐一对应 ·style 为"points"时，zvalues 和 error 均为 numpy 一维数组，数组中的元素和 xpoints 列表中逐一对应
xpoints	一组横坐标值。最简单的输入格式是列表（注意有不止一种输入格式），列表内数字的类型为浮点型	
ypoints	一组纵坐标值。最简单的输入格式是列表（注意有不止一种输入格式），列表内数字的类型为浮点型	
mask	用于指定无须插值的位置，数据形式为一个布尔型 numpy 二维数组，大小与"grid"模式描述的网格相同，元素与"grid"模式描述网格中的元素逐个对应。元素为 True 或 False。True 表示不对该位置进行插值，False 表示进行插值	

接下来使用真实数据，演示克里金插值的代码实现。假设要对平均气温数据进行克里金插值。现有数据为北京市不同气象站的温度监测结果，这些气象站的相对位置和 2015 年 1 月的平均气温（单位为℃）如图 5-20 所示。

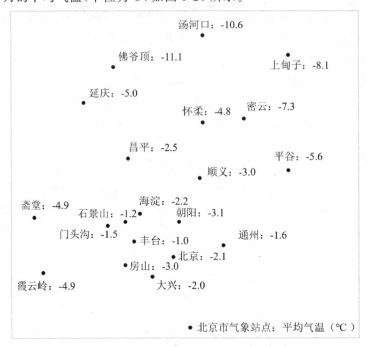

图 5-20　北京市气象站点的 2015 年 1 月平均气温数据

首先，导入必要的第三方模块，准备实例化 OrdinaryKriging（）类的参数。将气象站（已知点）的经度值、纬度值、属性值以列表的形式分别赋予 lon、lat、values 变量。

```
from pykrige. ok import OrdinaryKriging
import numpy as np
# 已知点的经度值列表
lon = [117.12, 117.12, 116.62, 116.28, 116.13, 116.63, 116.87, 116.63, 116.75,
116.5, 116.22, 116.1, 116.47, 116.2, 116.25, 116.35, 116.2, 115.97, 115.68,
115.73]
# 已知点的纬度值列表
lat = [40.65, 40.17, 40.13, 39.98, 40.6, 40.73, 40.38, 40.37, 39.85, 39.95, 40.22,
39.93, 39.8, 39.95, 39.87, 39.72, 39.77, 40.45, 39.97, 39.73]
# 已知点的属性值列表
values = [−8.1, −5.6, −3, −2.2, −11.1, −10.6, −7.3, −4.8, −1.6, −3.1, −
2.5, −1.5, −2.1, −1.2, −1, −2, −3, −5, −4.9, −4.9]
```

其次，实例化 OrdinaryKriging（）类，并将实例化后的对象指向变量 ok。

```
ok = OrdinaryKriging (lon, lat, values, variogram _ model = "linear")
```

最后，准备 execute（）函数的输入参数。在本例中，使用"grid"模式构建指定网格所需的经度值列表和纬度值列表，分别用 lon_grid 和 lat_grid 表示。

```
lon_grid= np. arange（115.41，117.51，0.01）    ♯ 创建指定网格范围经度值的数组
lat_grid = np. arange（39.44，41.06，0.01）     ♯ 创建指定网格范围纬度值的数组
```

此处，使用 numpy 模块中的 arange（）函数来构建。该函数可用于构造等差数列，通过起始值、结束值、间距(步长)3 个参数实现。

调用类中的 execute（）函数，得到返回值 result 和 sigmasq。

```
result, sigmasq = ok. execute（"grid"，lon_grid，lat_grid）
```

其中，result 为网格中未知点的属性值。查看属性值，结果如下：

```
print（np. round（result，2））♯ 为使结果简约明了，设置输出结果为两位小数
>>>
[[−5.0 −4.98 −4.97 ... −3.42 −3.44 −3.46]
 [−5.01 −5.0 −4.98 ... −3.44 −3.46 −3.48]
 [−5.03 −5.02 −5.0 ... −3.45 −3.47 −3.49]
 ...
 [−9.65 −9.67 −9.69 ... −9.19 −9.17 −9.16]
 [−9.69 −9.7 −9.72 ... −9.22 −9.2 −9.19]
 [−9.72 −9.74 −9.76 ... −9.25 −9.23 −9.22]]
```

上述插值结果对应的可视化效果如图 5-21 所示。

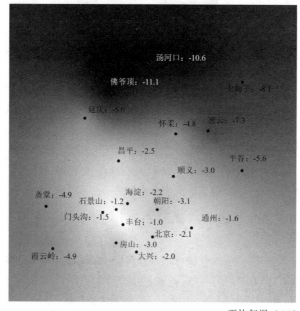

•北京市气象站点：平均气温（℃）

平均气温（℃）

高 : -1.0
低 : -11.1

图 5-21　克里金插值实例结果可视化

5.6 核密度分析

核密度分析又称为核密度估计(Kernel Density Estimation),是将矢量要素集合转换为栅格数据的一种方式,用于计算矢量要素在其邻域范围内的密度。核密度分析是分析数据聚集情况的常用方法,常应用于公共设置规划、自然灾害规律等研究中。

1. 计算原理

核密度分析依据有限个数的已知要素位置,估计指定区域内要素出现的概率密度函数,进而得到区域内每个栅格像素的要素密度估计值。那么,如何计算每个栅格像素的密度呢?

以点要素为例,空间范围内每个已知点要素的上方均覆盖一个平滑曲面,此处称为"核表面"。核表面的表面值在该点所在位置处达到最高,随着与该点距离变远而减小,且在与该点距离达到规定搜索半径的位置时减小至 0。当点要素仅表示事件(物)出现在某处、无具体字段值时,那么核表面与下方平面所构成的空间体积为 1,根据已知体积即可计算出每一处核表面值。每个输出栅格像素的密度值即为叠加在该像素中心的所有核表面的数值之和。一个点要素与覆盖在其上方的核表面示意图如图 5-22 所示。

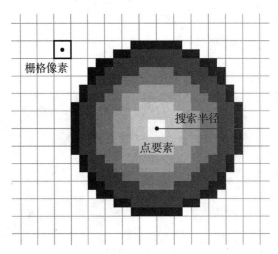

图 5-22 一个点要素及其核表面示意图

2. 核心代码实现

根据已知点的位置估计指定区域栅格像素中心点的概率密度,估计值分为以下两步。

第一步,基于已知点位置实例化 scipy. stats. gaussian _ kde()类,构建概率密度函数。概率密度函数有不同的推导公式,相应地也对应多种核密度估计方法,本节将使用 scipy. stats 模块内的 gaussian _ kde()类实现核密度估计。实例化 scipy. stats. gaussian _ kde()类的格式为:

```
kernel = scipy. stats. gaussian _ kde (dataset)
```

其中，dataset 存储已知点的位置，具体形式为一个 2 行 n 列的 numpy 二维数组，第 1 行存放已知点的所有横坐标值，第 2 行存放已知点的所有纵坐标值，两行的存储顺序相同。

第二步，使用实例化后的 kernel () 函数计算像素中心点的密度值，其调用格式为：

```
kernel (positions)
```

其中，kernel 为上一步实例化 scipy. stats. gaussian _ kde () 类的结果，positions 存储了指定区域内栅格像素中心点的位置，与已知点的存储形式相同，为一个 2 行 n 列的 numpy 二维数组，第 1 行存放像素中心点的所有横坐标值，第 2 行存放像素中心点的所有纵坐标值，两行的存储顺序相同。

接下来通过实例展示核密度分析。已知点要素的位置分布如图 5-23 所示，通过核密度分析将得到一幅范围覆盖已知点的栅格数据，每个栅格像素属性值为点要素的密度值。

points	Lat	Lon
1	40.65	117.12
2	40.17	117.12
3	40.13	116.62
4	39.98	116.28
5	40.60	116.12
6	40.72	116.63
7	40.38	116.87
8	40.37	116.63
9	39.85	116.75
10	39.95	116.50
11	40.22	116.22
12	39.80	116.47
13	39.95	116.20
14	39.87	116.25
15	39.72	116.35
16	39.77	116.20

图 5-23　已知点要素的位置分布

3. 代码示例

（1）读取已知点位置。

导入必要的第三方模块，并将已知点的经度值、纬度值分别以列表的形式赋予变量 x、y。

```
import numpy as np
import scipy. stats as st
x = [117.12, 117.12, 116.62, 116.28, 116.13, 116.63, 116.87, 116.63, 116.75,
116.5, 116.22, 116.1, 116.47, 116.2, 116.25, 116.35, 116.2, 115.97, 115.68,
115.73]
y = [40.65, 40.17, 40.13, 39.98, 40.6, 40.73, 40.38, 40.37, 39.85, 39.95, 40.22,
39.93, 39.8, 39.95, 39.87, 39.72, 39.77, 40.45, 39.97, 39.73]
```

(2)确定指定区域的边界及区域内所有栅格像素中心点的位置。

首先,指定区域在此示例中设置为最上、下、左、右端的已知点所包围的矩形范围。因此,指定区域的 4 条边界由已知点中的最大、最小经纬度值构成。确定指定区域边界经纬度的方法为使用 min()、max() 函数求解 x、y 列表中的最小、最大值。

```
xmin = min(x)        # 获取指定区域左边界的经度值
xmax = max(x)        # 获取指定区域右边界的经度值
ymin = min(y)        # 获取指定区域上边界的纬度值
ymax = max(y)        # 获取指定区域下边界的纬度值
```

其次,确定区域内所有栅格像素中心点的位置(经纬度)。中心点的位置由中心点的个数决定。具体可以理解为对于确定的区域范围,像素中心点的个数设置得越多,像素宽度越小,栅格数据的空间分辨率越高;像素中心点的个数设置得越少,像素宽度越大,栅格数据的空间分辨率越低。在此示例中,设置了每行 1 000 个中心点、每列 1 000 个中心点,总共 1 000 000 个中心点(总共有 1 000 000 个像素)。

由于中心点的数量较大,难以通过手动创建列表将每个中心点的经纬度存储。因此,此处借助 numpy 模块中的 mgrid() 函数便捷地确定所有中心点的经纬度。mgrid() 函数用于创建 numpy 数组并存放等间隔数字。此处借助 mgrid() 函数分别创建等间隔经度值和纬度值构成两个二维 numpy 数组,即每个中心点的空间位置。mgrid() 函数创建等间隔数字的二维 numpy 数组的调用格式为:

```
X, Y = numpy. mgrid[start1 : end1 : step1, start2 : end2 : step2]
```

mgrid() 函数的输入和输出如表 5-10 所示。

表 5-10　mgrid() 函数的输入和输出

参数	含义	返回
start1	起始纵坐标值	X 和 Y 分别为指定区域内等间隔点的纵坐标值和横坐标值。坐标值是基于起始坐标值和结束坐标值根据间隔线性计算得到。X 和 Y 的形式均为 r 行 c 列的 numpy 二维数组
end1	结束纵坐标值	
step1	决定行数 r。有两种形式表示: ·复数的虚部(形式为"数字 + j")。 表示起始坐标行与结束坐标行之间的行数(包括起始和结束坐标行),如"4j" ·实数。 表示起始坐标行到结束坐标行之间的间隔(包括起始坐标行,不包括结束坐标行)	
start2	起始横坐标值	
end2	结束横坐标值	
step2	决定列数 c。形式同 step1	

例如,要创建 4 行 3 列的坐标值数组,mgrid() 函数的调用代码为:

```
X，Y = np. mgrid[1：4：4j, 1：3：3j]
print（X）
>>>
[[1. 1. 1.]
 [2. 2. 2.]
 [3. 3. 3.]
 [4. 4. 4.]]
print（Y）
>>>
[[1. 2. 3.]
 [1. 2. 3.]
 [1. 2. 3.]
 [1. 2. 3.]]
```

对于此示例要求创建每行 1 000 个、每列 1 000 个的经度、纬度数组，mgrid（）函数的调用代码为：

```
X，Y = np. mgrid[xmin：xmax：1000j, ymin：ymax：1000j]
```

（3）实例化 scipy. stats. gaussian _ kde（）类。

首先，准备符合要求格式的输入参数 dataset。目前分别知晓已知点的经度、纬度（存储在列表 x 和 y 中），dataset 要求将经、纬度合并在一个二维 numpy 数组中。此合并过程可以借助 numpy 模块的 vstack（）函数实现，对于该函数的介绍可参考 4.10 节内容。对于本节的示例，使用 vstack（）函数将两个存放共 16 个已知点经、纬度值的列表合并为一个 2 行 16 列的 numpy 二维数组，第 1 行为已知点的经度值，第 2 行为已知点的纬度值。

```
dataset = np. vstack（[x, y]）
```

其次，实例化 scipy. stats. gaussian _ kde（）类。

```
kernel = st. gaussian _ kde（dataset）
```

（4）计算像素中心点的密度值。

首先，准备指定区域内所有像素中心点位置的参数 positions。在前面步骤中，已使用 mgrid（）函数创建了指定区域所有中心点的经、纬度值数组，这里同样需要将这些点的经、纬度转换为 2 行 1 000 000 列的 numpy 二维数组。与对已知点的准备方法不同的是，所有中心点的经、纬度值是以 numpy 二维数组而非列表（一维）的形式存储，因此不能直接使用 vstack（）函数进行堆叠合并，需在使用 vstack（）函数之前增加一步：将 numpy 二维数组的元素转换为一维的形式。将二维数组转换为一维数组可借助 numpy 模块中的 ravel（）函数（对于该函数的介绍可参考 4.10 节内容），那么对于此示例中的两个存储了所有中心点经度值和纬度值的 numpy 二维数组 X 和 Y，其转换为一维数组的代码分别为"X. ravel（）"和"Y. ravel（）"。接着，使用 vstack（）函数将所有中心点的经、纬度值转换为一个 2 行 1 000 000 列的 numpy 二维数组，第 1 行为中心点的经度值、第 2 行为中心点的纬度值。代码如下：

```
positions = np. vstack ([X. ravel (), Y. ravel ()])
```

其次，使用赋予了实例化后 scipy. stats. gaussian _ kde()类的变量 kernel，得到指定区域所有中心点的密度值。

```
result = kernel (positions)
```

需要注意的是，这种方式得到的 result 结果是一个存储了所有中心点密度值的一维数组。这种形式无法可视化和后续分析，因此需要调整密度值结果的形式，以便于可视化。

(5)调整密度值结果的形式。

调整密度值结果形式的目的是，将中心点的密度值结果转换为与 X 和 Y 相同形式的 numpy 二维数组，且数组中每个元素所代表的中心点位置应当与 X 和 Y 数组中的相同。达到此目的需要两步，第一步，借助 numpy 模块的 reshape () 函数实现转换（对于该函数的介绍可参考 4.10 节内容）。在此示例中，目标数组形式为 1 000 行 1 000 列的 numpy 二维数组。因此，将核密度估计结果调整为指定形式的代码如下：

```
result = np. reshape (kernel (positions). T, (1000, 1000))
```

第二步，将 result 数组转置，得到正确位置的密度值。转置方法如下：

```
output = result. T
```

此时 output 中存储的每个元素的值即为每个像素中心点所在位置的密度值。

完整代码示例如下：

```
import numpy as np
import scipy. stats as st
x = [40. 65, 40. 17, 40. 13, 39. 98, 40. 6, 40. 72, 40. 38, 40. 37, 39. 85, 39. 95, 40. 22,
39. 8, 39. 95, 39. 87, 39. 72, 39. 77]
y = [117. 12, 117. 12, 116. 62, 116. 28, 116. 12, 116. 63, 116. 87, 116. 63, 116. 75,
116. 5, 116. 22, 116. 47, 116. 2, 116. 25, 116. 35, 116. 2]
xmin = min (x)
xmax = max (x)
ymin = min (y)
ymax = max (y)
X, Y = np. mgrid[xmin: xmax: 1000j, ymin: ymax: 1000j]
dataset = np. vstack ([x, y])
kernel = st. gaussian _ kde (dataset)
positions = np. vstack ([X. ravel (), Y. ravel ()])
result = np. reshape (kernel (positions). T, (1000, 1000))
output = result. T
```

上述核密度估计结果对应的可视化效果如图 5-24 所示。通过核密度估计可以明显看出点要素的分布密度在左下角更为聚集，在左上角和右下角较分散。

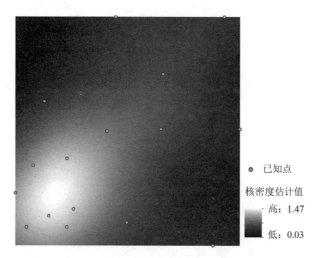

图 5-24　点要素密度值可视化结果

5.7　空间剖分

5.7.1　构建泰森多边形

泰森多边形(Voronoi diagram)在空间划分中具有显著优势,这使其在 GIS 领域具有广泛应用,例如,用于网络构建、图像处理与模式识别生成等。泰森多边形的应用场景可以通过下面的场景通俗解释:在一个求生类游戏中,已知有两个补给站可提供补给,当角色在给定地图中不断移动时,如何始终知晓自己所处的位置距离哪个补给站更近,如何在最短时间获得补给呢?此时,具备一定数学基础的玩家或许想到了这样的做法:连接两个补给站,做出该连接线的垂直平分线将地图一分为二,所划分出的两个区域分别代表了距离两个补给站最近的区域范围。玩家根据自己在地图中所处的位置在哪一个区域内便可判断该前往哪个补给站。如果将该场景的应用延伸,补给站的数量增加为 3 个及以上,那么达到相同的目的就需要增加垂直平分线的数量,将地图划分为更多区域。通过对多个已知点划分垂直平分线的方法将空间区域划分为多个区域(多边形),使得每个区域内的任意一点距离最近的已知点为自身所在区域的已知点,这些划分后的区域被称为泰森多边形。本节将示范通过已知的多个点来绘制泰森多边形。

绘制泰森多边形的核心方法为实例化 scipy. spatial 子模块的 Voronoi()类。实例化 Voronoi 类的格式为:

```
scipy. spatial. Voronoi (points)
```

其中,points 为 numpy 二维数组,存放点的横、纵坐标值,形式为"$[[x_1,y_1],[x_2,y_2],\cdots,[x_n,y_n]]$"。实例化结果的数据类型为 scipy. spatial 子模块的 Voronoi 类型。

展示已实例化的泰森多边形需要借助 scipy. spatial 和 matplotlib. pyplot 子模块。

首先，借助 scipy. spatial 子模块中的 voronoi _ plot _ 2d（）函数，将已经实例化 Voronoi()类所赋予的对象转换为 matplotlib. pyplot 子模块的 figure 类型；其次，借助 matplotlib. pyplot 子模块的 show（）函数展示结果。

voronoi _ plot _ 2d（）函数的调用格式为：

```
scipy. spatial. voronoi _ plot _ 2d（vor）
```

其中，vor 为已实例化的 Voronoi 类型对象。函数返回类型为 matplotlib. pyplot 子模块的 figure 类型。

代码实现如下：

首先，导入必要的第三方模块。

```
import scipy. spatial
import matplotlib. pyplot as plt
import numpy as np
```

其次，定义构建泰森多边形所需要的点集坐标，将坐标存储在 numpy 二维数组中。

```
point = np. array（[[0, 1], [0, 3], [0, 4], [0, 7], [2, 3], [3, 1], [5, 5], [5, 6], [7, 2]]）  # 构建9个点
```

再次，实例化 Voronoi()类实现指定泰森多边形的构建。

```
vor = scipy. spatial. Voronoi（point）
```

最后，展示已实例化的泰森多边形。

```
fig = scipy. spatial. voronoi _ plot _ 2d（vor）
plt. show（）
```

上述代码得到的基于 9 个点的泰森多边形如图 5-25 所示。其中，较小的点集为用于构建泰森多边形的 9 个点，黑色的实线和虚线即泰森多边形的各条边，较大的点集为各泰森多边形公共边的交点。

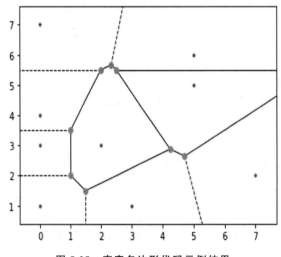

图 5-25　泰森多边形代码示例结果

5.7.2　构建德劳内三角形

德劳内(Delaunay)三角形与泰森多边形类似，是一种优秀的空间划分方法，常应用于数字地表模型生成等。它的"优秀"体现在"空外接圆性质""最大的最小角性质"这两个特性上。空外接圆性质是指由一系列点所构成的德劳内三角形网络中，每个德劳内三角形的外接圆内只包含构成三角形的 1 个内部点，不包含任何 1 个外部点。最大的最小角性质是指由一系列点能够构成各种形状的三角形网络，比较所有形状的三角形网络中每个三角形的最小角大小，德劳内三角形的最小角是最大的。

本节将示范通过已知的多个点来绘制德劳内三角形，操作思路与构建泰森多边形十分类似，可对照学习。绘制德劳内三角形的核心方法为实例化 scipy. spatial 子模块的 Delaunay()类。实例化 Delaunay()类的格式为：

scipy. spatial. Delaunay（points）

其中，points 为 numpy 二维数组，存放点的横、纵坐标值，形式为"$[[x_1，y_1]，[x_2，y_2]，\cdots，[x_n，y_n]]$"。实例化结果的数据类型为 scipy. spatial 子模块的 Delaunay 类型。

展示已实例化的德劳内三角形需要借助 scipy. spatial 和 matplotlib. pyplot 子模块。首先，借助 scipy. spatial 子模块中的 delaunay _ plot _ 2d () 函数，将已经实例化 Delaunay()类所赋予的对象转换为 matplotlib. pyplot 子模块的 figure 类型；其次，借助 matplotlib. pyplot 子模块的 show () 函数展示结果。

delaunay _ plot _ 2d () 函数的调用格式为：

scipy. spatial. delaunay _ plot _ 2d（dela）

其中，dela 为已实例化的 Delaunay 类型对象。函数返回类型为 matplotlib. pyplot 子模块的 figure 类型。

代码实现如下：

首先，导入必要的第三方模块。

```
import scipy. spatial
import matplotlib. pyplot as plt
import numpy as np
```

其次，定义构建德劳内三角形所需要的点集坐标，将坐标存储在 numpy 二维数组中。

```
point = np. array ([[0, 1], [0, 3], [0, 4], [0, 7], [2, 3], [3, 1], [5, 5], [5, 6], [7, 2]])  # 构建 9 个点
```

再次，实例化 Delaunay()类实现指定德劳内三角形的构建。

```
dela = scipy. spatial. Delaunay （point）
```

最后，展示已实例化的德劳内三角形。

```
fig = scipy. spatial. delaunay _ plot _ 2d （dela）
plt. show ()
```

上述代码得到的基于 9 个点的德劳内三角形如图 5-26 所示。图中的点为用于构建德劳内三角形的 9 个点，线为每个德劳内三角形的边。

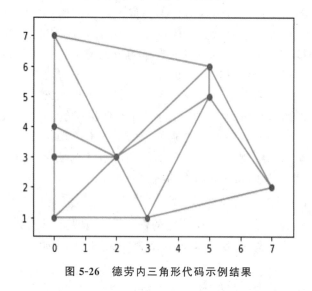

图 5-26　德劳内三角形代码示例结果

5.7.3　扩展：德劳内三角形与泰森多边形的关系

由于图 5-25 和图 5-26 使用了完全相同的点集，现在尝试将这同一组点集所构建的德劳内三角形与泰森多边形图形重叠，重叠后的图形如图 5-27 所示。其中，较小点集为用于构建泰森多边形和德劳内三角形的 9 个点，较大点集为各泰森多边形在指定范围内公共边的交点。

现在可知，德劳内三角形与泰森多边形的构建有必然联系：德劳内三角形的外接圆圆心相连，所构成的多边形即泰森多边形，从图 5-28 可直观看出。换言之，只要构建出一组点集的德劳内三角形，便可通过连接其外接圆圆心得到同一组点集的泰森多边形。

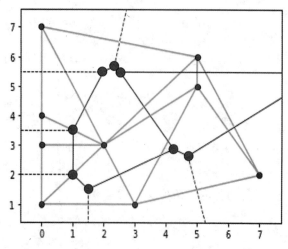

图 5-27　德劳内三角形与泰森多边形的重叠结果

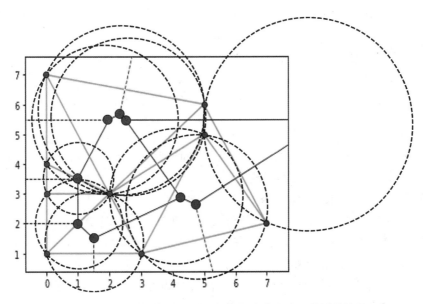

图 5-28　德劳内三角形及其外接圆与泰森多边形的重叠结果

5.8　莫兰指数计算

在介绍莫兰指数之前，首先引入空间自相关概念。空间自相关是指空间观测数据在一定区域范围内具有潜在的相互依赖关系。其通俗的理解来自著名的"地理学第一定律"，该定律强调，任何事物与其他事物都是相关的，只不过距离更近的事物关联更加紧密。地理数据作为空间数据，其空间自相关性在地理统计分析中不可忽视。另外，空间自相关性也具有强弱之分、正负之分。空间分布越随机、零散，其空间自相关性越弱，反之越强，如图 5-29 所示。空间自相关性的正负取决于中心和相邻空间数据的观测值是随着距离的增加而减小还是不减反增。若随着距离的增加而减小，则是正相关；反之，为负相关。

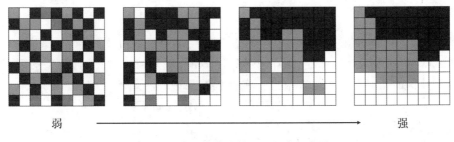

弱　　　　　　　　　　　　　　　　　　　　　　　强

图 5-29　空间自相关性强弱程度示意图

莫兰指数（Moran's I）是一种常见的衡量空间数据是否具有空间自相关性，以及量化空间自相关性强弱的指数。其取值范围为 $-1 \sim 1$，大于 0 时，表示数据具有空间正相关，且数值越大，空间自相关性越强；小于 0 时，表示数据具有空间负相关，且数值越小，空间自相关性越强；等于 0 时，表示无空间自相关，数据分布呈随机性。莫兰指数的计算公式为：

$$\text{Moran'I} = \frac{n}{\displaystyle\sum_{i=1}^{n}\sum_{j=1}^{n}\omega_{i,j}} \times \frac{\displaystyle\sum_{i=1}^{n}\sum_{j=1}^{n}\omega_{i,j}z_i z_j}{\displaystyle\sum_{i=1}^{n}z_i^2}$$

其中，n 为观测点个数，$\omega_{i,j}$ 为观测点 i 和 j 之间的空间权重，通常为距离的倒数，z_i 和 z_j 均是与观测点属性值相关的参数。由此可知，计算莫兰指数需要两类数据：观测点的位置（用于计算空间权重 $\omega_{i,j}$）和属性值（用于计算 z_i 和 z_j）。

本节将示范已知点集的位置和属性值信息，计算该点集的莫兰指数，以判断其空间分布是否具有空间自相关性以及相关程度。首先介绍计算莫兰指数所需掌握的方法：

1. 计算已知点集的空间权重

点集的位置信息通过 DataFrame 形式存储时，可以通过 libpysal. weights. Queen 子模块中的方法 from_dataframe（）实现空间权重的计算。from_dataframe（）方法的调用格式为：

libpysal. weights. Queen. from_dataframe (df)

其中，df 为具有已知点地理位置信息的 DataFrame 类型数据，具有地理位置信息是指 DataFrame 具有"geometry"属性，具体表现为 shapely 几何类型及位置信息，用于计算空间权重。需要注意的是，假设已创建了一个存储有点集横、纵坐标的 DataFrame 对象，该对象包含的信息并非"地理"位置信息，因为该 DataFrame 不具有"geometry"属性。下面将介绍如何创建一个具有"geometry"属性的 DataFrame 对象。

2. 创建具有"geometry"属性的 DataFrame 对象

若已经创建了一个存储了点集横、纵坐标的 DataFrame 对象，则使该对象具有 "geometry"属性的方法为实例化 geopandas 模块的 GeoDataFrame（）类。实例化该类的作用是规定 DataFrame 对象的"geometry"属性，具体表现为在 DataFrame 对象增加索引名称为"geometry"的一列，该列存储每个点的形状和位置信息。GeoDataFrame（）类的实例化格式为：

geopandas. GeoDataFrame (data = None, geometry = None)

其中，data 为一个 DataFrame 类型的数据，geometry 为 shapely 几何类型的列表或数组，规定数据的几何形状和位置信息。实例化结果中，将新增加名为"geometry"的一列，内容为 shapely 几何类型以及位置信息。代码示例如下：

```
import pandas as pd
import geopandas as gpd
import numpy as np
from shapely. geometry import Point
data = np. array ([[112.4, 31.5], [120.5, 45.2], [127.1, 60.3]])
```

```
# 创建一个 DataFrame
df = pd. DataFrame (data, index = ['A', 'B', 'C'], columns = ['LON', 'LAT'],
dtype = float)
print (df)
>>>
     LON   LAT
A   112.4  31.5
B   120.5  45.2
C   127.1  60.3
# 规定 geometry 参数内容，为 Point 类型的列表，存储有 DataFrame 3 个点的位置信息
（纵、横坐标）
gm = [Point (112.4, 31.5), Point (120.5, 45.2), Point (127.1, 60.3)]
# 创建具有"geometry"属性的 DataFrame 对象
gdf = gpd. GeoDataFrame (df, geometry = gm)
print (gdf) # 可以看到原本的 df 增加了名为"geometry"的一列，并存储了每个点的位置
信息
>>>
     LON   LAT              geometry
A   112.4  31.5   POINT (112.40000 31.50000)
B   120.5  45.2   POINT (120.50000 45.20000)
C   127.1  60.3   POINT (127.10000 60.30000)
```

3. 计算莫兰指数

计算莫兰指数分为两步：

第一步，实例化 esda. moran 子模块的 Moran () 类，实例化形式为：

```
esda. Moran (y, w)
```

其中，参数 y 为已知点集的属性值，形式为数组，w 为已知点集的空间权重。其次，调用并查看 Moran () 类的属性"I"即可得到莫兰指数，调用形式为"Moran. I"，其中 Moran 为 Moran () 类实例化后的对象名称。

第二步，将综合运用上述方法，计算一个已知点集的莫兰指数。已知点集的横、纵坐标、属性值信息以 DataFrame 的形式创建并存储。

首先，导入必要的第三方模块，创建包含点集横、纵坐标、属性值信息的 DataFrame 对象。

```
import geopandas as gpd
import pandas as pd
from esda. moran import Moran
from libpysal. weights import Queen
from shapely. geometry import Point
```

```
df = pd. DataFrame (
    {'x': [0, 1, 2, 4, 6],              # 横坐标
     'y': [0, 3, 1, 2, 5],              # 纵坐标
     'z': [10.2, 15.2, 23.6, 33.5, 40.1]})    # 属性值
```

其次，创建增加了"geometry"属性的 DataFrame 对象。

```
gm = [Point (0, 0), Point (1, 3), Point (2, 1), Point (4, 2), Point (6, 5)]
gdf = gpd. GeoDataFrame (df, geometry = gm)
```

得到具有"geometry"属性的 DataFrame 对象后，计算基于该数据的空间权重。

```
w = Queen. from _ dataframe (gdf)
```

最后，基于 DataFrame 对象的属性值列和空间权重，计算莫兰指数。

```
moran = Moran (df. z, w)
print (moran. I)
```

完整代码示例如下：

```
import geopandas as gpd
import pandas as pd
from esda. moran import Moran
from libpysal. weights import Queen
from shapely. geometry import Point

df = pd. DataFrame (
    {'x': [0, 1, 2, 4, 6],
     'y': [0, 3, 1, 2, 5],
     'z': [10.2, 15.2, 23.6, 33.5, 40.1]})

gm = [Point (0, 0), Point (1, 3), Point (2, 1), Point (4, 2), Point (6, 5)]
gdf = gpd. GeoDataFrame (df, geometry = gm)

w = Queen. from _ dataframe (gdf)
moran = Moran (df. z, w)
print (moran. I)
>>>
0. 1126909984830484
```

由莫兰指数计算结果可知，该示例点集的空间分布具有较弱的空间正相关性。

5.9　投影转换

在 4.6 节中，已经介绍了栅格数据的投影转换，本节将继续介绍矢量数据的投影转换。由于矢量数据不考虑空间分辨率，因此相比栅格数据的投影转换更加简单，除此之外与栅格数据的转换方法相同。转换方法的详细介绍可参考 4.6 节。

以一个已具有坐标系的矢量数据为例演示投影转换功能的实现。已知该矢量数据的坐标系为"WGS 1984"，现将该数据的坐标系转换为常用坐标系"World Mercator"。

首先，导入必要的第三方模块，并定义输入数据的原始坐标系和将要转换的目标坐标系。

```
from osgeo import osr, ogr
# 输入数据的原始坐标系
source = osr. SpatialReference ()
source. ImportFromEPSG (4326)        # 代表"WGS 1984"坐标系的编号
# 目标坐标系
target = osr. SpatialReference ()
target. ImportFromEPSG (3857)        # 代表"World Mercator"坐标系的编号
```

其次，实例化 CoordinateTransformation()类，得到坐标转换器。

```
coordTrans = osr. CoordinateTransformation (source, target)
```

最后，使用 TransformPoint () 函数可进行点要素坐标转换，使用 TransformPoints () 函数可进行一组点要素坐标转换。

```
# 点转换
coordTrans. TransformPoint (78.8, 33.1)
>>> (3684675.145257355, 14811749.724803025, 0.0)
# 一组点转换
coordTrans. TransformPoints ([(78.8, 33.1), (65.3, 20.5)])
>>>
[(3684675.145257355, 14811749.724803025, 0.0),
(2282049.5612621084, 9687840.181807032, 0.0)]
```

由此可以看到，在坐标转换器的作用下，矢量点或点组的原坐标被转换为目标坐标。

第6章 空间数据可视化

6.1 专题地图基础知识

专题地图是指根据使用主题和专业需要、突出反映若干种主题要素的地图，其内容包括地理基础和专题内容。专题内容通常为一种或多种社会经济现象，例如，不同地区的人口分布、各国对外经济活跃程度、不同地区的主要农作物等。根据表达内容，专题地图可分为 3 类(祝国瑞，2004)：自然地图(如地质图、气象图、植被图等)、人文地图(如政区图、人口图、历史地图等)和其他专题地图。根据专题信息的表达形式，专题地图又分为基于面要素、基于点要素和基于线要素三大类，在此分别简称面状专题地图、点状专题地图和线状专题地图。本节根据表达形式，介绍各类专题地图。

6.1.1 面状专题地图

在面状专题地图中，专题信息通过地图上的面要素表达，其中定性信息和定量信息具有不同的表达方式。对于定性的专题信息(如土地覆盖类型)而言，通常使用专题地图中面要素的颜色或纹理表达。

对于定量专题信息而言，如果直接将定量数值通过颜色或纹理表达在面状专题地图上，可能会给地图读者造成误解。其原因在于，有些定量专题信息(如各个统计地区的人口数等，这样的定量信息称为计数数据)若直接用于绘图，则两个颜色(纹理)相同的统计区域中，面积较大的统计区域会获得更多的视觉权重，而面积较小的统计区域会获得较少的视觉权重，从而使用户误认为前者的数值更高。为解决这一问题，地图学家提倡将定量信息标准化后，再通过颜色或纹理表达在面状专题地图上。在标准化过程中，以计数数据形式记录的定量专题信息必须转换为比率数据(rates)格式，例如，将不同统计地区的人口数转换为单位面积人口数。这样的面状专题地图称为分级统计地图(choropleth maps)。分级统计地图用不同的颜色或纹理表达不同统计地区的平均密度值(如单位面积人口数)的高低，表达专题信息统计数据的密度而非总数，给地图读者以密度数据感(a sense of density)。

定量信息标准化虽然避免了上述误解问题，但导致参与绘图的信息已不是原始数据本身，而是标准化后的数据。为能直接绘制原始数据，可使用比例面积统计地图(valua-by-area maps，又称 area cartogram)。需要注意的是，比例面积统计地图不再是严格意义上的地图，将在专门的章节对其进行介绍。

尽管使用比例面积统计地图既避免了误解问题，又能直接绘制专题信息本身，但该方法造成了面要素的形变和(或)面要素的拓扑关系损坏。为了既保持比例面积统计地图的优点，又保护面要素的形状及其拓扑关系，地图学家引入了比例透明度统计地

图(value-by-alpha maps；ROTH et al.，2010)。比例透明度统计地图类似于分级统计
地图，但与分级统计地图的不同在于，不同区域的数值大小不再使用深浅不同的颜色
或疏密不同的纹理表达，而是使用 Red-Green-Blue-Alpha(RGBA)色彩空间中的 alpha
值表达。在 RGBA 色彩空间中，R、G、B 分别代表红色、绿色和蓝色，而 alpha 值控
制透明度。换言之，比例透明度统计地图通过设置程度不同的透明度来表达地图上不
同区域的统计数值大小，统计数值较大的区域透明度低、可见度高；反之，统计数据
较小的区域透明度高、可见度低。

6.1.2　点状专题地图

在点状专题地图中，专题信息通过地图上的点要素表达，常见的制图方式分为比
例符号地图(proportional symbol maps)和点地图(dot maps)两类。比例符号地图通过
借助符号完成对专题信息的绘制，最常用的符号为圆(其他常用符号包括正方形和三角
形)。在比例符号地图中，变量的数值大小通过符号的尺寸表达。与分级统计地图不
同，比例符号地图不仅适用于比率形式的统计数据，也适用于计数形式的统计数据。
然而，比例符号地图的缺点在于，只能用于表达不同统计地区之间的差异，统计区域
内部的差异(专题信息的具体分布)被忽略。

比例符号地图的缺点可通过使用点地图避免。点地图通过在地图上绘制大小相同
的点可视化空间变量(HEY and BILL，2014)，其中变量的大小通过点的个数体现，而
变量的分布通过点的位置体现。点地图与使用圆形符号的比例符号地图相比最大的区
别在于，前者使用的是尺寸相同的圆点，后者使用的是尺寸不同的圆形符号。由于点
地图使用了大小相同的点，因此最适用于展示变量的空间分布形态，例如，人口空间
分布、各国城镇聚集情况、村落分布形态等。

6.1.3　线状专题地图

在线状专题地图中，专题信息通过地图上的线要素表达，常见的制图方式包括等
值线图(isopleth maps)和流向地图(flow maps)两种。等值线图又称为等量线图，在等
值线图中，变量数值相等的空间位置被连接成线，形成等值线。相邻等高线间的数值
差称为等高距。常见的等值线图如等高线图、等温线图、等时线图等。在等值线图中，
等值线一般不相互交错。理论上的等值线是闭合线，但在地图的有限表达范围内，等
值线有可能是闭合的，也有可能是非闭合的。典型的等值线图如图 6-1 和图 6-2 所示。

流向地图是通过具有起点和终点的线要素表达空间数据的，可用于具有方向的专
题信息，如人口迁徙数据、货物进出口信息等。除了使用具有起点和终点的线要素表
达流向外，流向地图还可以通过线要素的颜色和粗细表达流动的类别和流量。

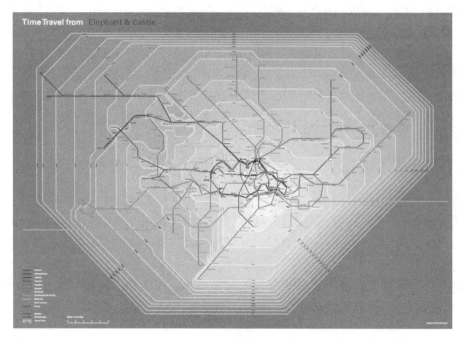

图 6-1　以伦敦"Elephant & Castle"为起点出发的等时线(白色线圈)图①

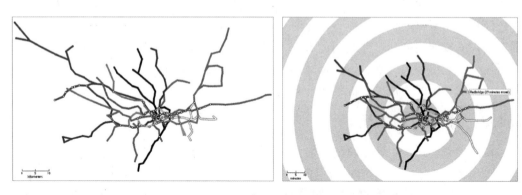

图 6-2　伦敦地铁图(左)和以"Tom Carden"站为起点出发的等时线图(右)(TANG,2012)

6.2　似地图表达的基础知识

传统地图制图过程中讲究三大规则"依据数学法则、使用制图语言、通过制图综合"(李志林等,2013)。其中依据数学法则和通过制图综合的过程中都注重制图精度,因而长期以来制图学家都尽己所能地致力于提高地图的各项精度指标。在现代社会,地图的使用者和受益群体已逐渐从专家学者扩大到普通民众。普通民众将地图的可用性(如有效性、使用效率、满意度)作为地图评价的首选指标,对精度的要求相对弱化。

---

① http://www.oskarlin.com/images/timetravel.pdf

在此背景下，似地图表达（map-alike representations）成为趋势。

似地图表达通常指类似地图，但未严格遵循制图规则制作而成的图式表达。与传统地图注重制图精度不同，似地图表达讲究制图结果的可用性。常见的似地图表达形式包括比例面积/长度统计地图（area/distance cartogram）和拓扑示意地图（schematic map）等。

6.2.1　比例面积/长度统计地图

比例面积/长度统计地图是一种以面积或长度变形的方式表达空间属性信息的地图。与传统地图不同，其图上面积（长度）不再与实际面积（距离）对应。比例面积/长度统计地图通常使用图上面积（长度）表达非几何信息，如人口数、森林覆盖率、GDP 等。由于改变了图上面积（长度）的含义，比例面积/长度统计地图相对于传统地图而言有所变形，因此有时也被称为"变形地图"。

根据地图中更改的属性，比例面积/长度统计地图主要分为改变实际长度的比例长度统计地图（distance cartogram）和改变实际面积的比例面积统计地图（area cartogram）两类。在前者中，两个点要素之间的长度不再表达欧式几何中的空间距离，而被赋予特殊的含义（如通行时长或旅行费用）；后者则通过改变原始地图上不同区域的面积来表达统计数据，有时亦称为密度均衡地图（density—equalizing map）。

比例面积统计地图主要有以下 3 种表达形式：

（1）邻接式比例面积统计地图（contiguous area cartogram）。

（2）非邻接式比例面积统计地图（non-contiguous area cartogram）。

（3）圆块状比例面积统计地图（circle area cartogram）。

比例长度统计地图是一种在欧式几何空间中表达地图上两点间的非几何属性（邻近性）的地图。与传统地图相比，其改变了地图上点要素间几何距离的含义，例如，使用几何距离表达旅行时间。

6.2.2　拓扑示意地图

拓扑示意地图舍弃了与地图表达主题无关的地图要素，力求以简明清晰的方式通俗易懂地拓扑信息。典型的拓扑示意地图如伦敦地铁网络图（图 6-3）。在这样的拓扑示意地图中，设计者不仅简化了地图网络的形状细节，并将线路走势简化为横竖交错和斜插，不仅完整保护了网络的拓扑信息，而且将地图中的拥挤区域相对放大（逄鹏等，2015）。这样的地图设计目前已经广泛应用于公共交通网络、煤气管线、电力网络的绘制。

拓扑示意地图的制作一般以软件辅助的半自动形式进行，需要大量的人工参与，依赖于设计者的制图经验和技能，并且耗时耗力。因此，近年来，拓扑示意地图的自动化制作越来越受到研究人员的关注。在科研人员研发的自动化算法研究中（TI and LI，2014），示意化网络地图的生成被分为三大步骤：自动探测原始地图中的拥塞区域、

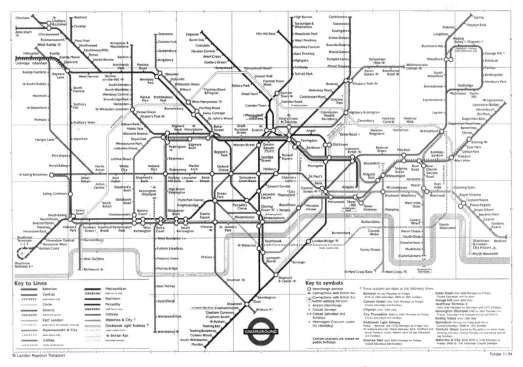

图 6-3　拓扑示意地图示例：伦敦地铁图①

自动放大探测到的拥塞区域、利用基于 stroke(LI and DONG，2010)的方法自动生成网络的示意化表达。未来的研究中还需要引入更多的自动化制图规则。

6.3　动态地图的基础知识

地图可分为静态地图和动态地图两种。传统的纸质地图均为静态地图，而进入计算机时代以来，尤其是随着电子显示设备的日益增多，动态地图的普及成为可能。最常见的动态地图是在传统静态地图的基础上增加了时间维度，以动画的形式显示不同时间点的地理现象。除此之外，也有动态地图以动画的形式显示相同时间下不同地区的地理现象，或动态地显示相同地区相同时间下的不同属性值。简言之，动态地图的显示内容可能改变了时间、地点或属性中的一种或多种，表现为符号动态和地图动态两种形式。

根据交互性，动态地图分为展示型动态地图和交互型动态地图(LOBBEN，2003)。在展示型动态地图中，用户无法控制地图的动态显示，无法控制显示速度和放大缩小地图上的特定区域。在交互型动态地图中，用户的角色不仅是被动的观看者，还可以主动参与到地图的动态显示中，可以进行放大、缩小、平移、旋转、暂停、继续中的

---

① 　http：//www.afn.org/~alplatt/tube.html

一种或多种操作。

根据动态地图变化的内容，罗布纳(Lobben 2003)将动态地图分为 4 类，分别是时间变化的动态地图(time-series animation)、显示区域变化的动态地图(areal anima-tion)、主题变化的动态地图(thematic animation)和用于展示过程的动态地图(process animation)。在时间变化的动态地图中，时间变化，而视觉变量(如要素的形状、颜色等)和显示区域不变。在显示区域变化的动态地图中，显示区域变化，时间和视觉变量保持不变。在主题变化的动态地图中，视觉变量变化，显示区域不变，时间维度变化或保持不变。用于展示过程的动态地图，如沿特定飞行轨迹显示的地貌变化等，在这类地图中，时间、视觉变量和显示区域都在变化。表 6-1 总结了各类动态地图的特点，在实际使用中，动态地图可能是两种或多种类型的组合。

表 6-1　不同类型的动态地图的变化要素

地图	时间	视觉变量	显示区域
时间变化的动态地图	√	×	×
显示区域变化的动态地图	×	×	√
主题变化的动态地图	√ / ×	√	×
用于展示过程的动态地图	√	√	√

注：√表示动态、×表示静态、√／×表示动态或静态

6.4　面状专题地图的绘制

本节将介绍面状专题地图的绘制方法，首先介绍技术基础，然后演示综合实例。

6.4.1　技术基础

绘制面状专题地图时，可以借助的第三方模块为 geopandas、pandas 和 Matplot-lib。在演示面状专题地图的代码实现之前，需要介绍将用到的函数和方法。

1. 矢量数据属性表的读取

第三方模块 geopandas 中的 read_file() 函数常用于读取矢量数据的属性表信息。read_file() 函数的调用格式为：

```
geopandas.read_file(filename，encoding)
```

read_file() 函数的输入和输出如表 6-2 所示。

表 6-2　read_file() 函数的输入和输出

参数	含义	返回
filename	包含文件路径、文件名及其后缀的字符串	DataFrame，存放读取矢量数据的属性表信息
encoding	规定所读取信息的编码方式，如"utf-8"	

代码示例如下：

```
import geopandas as gpd
region = gpd. read _ file (r 'D：\ shandong. shp', encoding = 'utf－8')
```

2. Excel 表格信息的读取

第三方模块 pandas 中的 read _ excel () 函数用于读取 Excel 表格信息（支持后缀为 xls、xlsx、xlsm、xlsb、odf、ods、odt 等的表格文件）。read _ excel () 函数的调用格式为：

```
pandas. read _ excel (filename)
```

read _ excel () 函数的输入和输出如表 6-3 所示。

表 6-3　read _ excel () 函数的输入和输出

参数	含义	返回
filename	包含文件路径、文件名及其后缀的字符串	DataFrame，存放所读取 Excel 的表格信息

代码示例如下：

```
import pandas as pd
data = pd. read _ excel (r 'D：\ shandong _ gdp2020. xlsx')
```

3. 绘图模块介绍

在地图绘制的所有操作中，灵活使用绘制地图中各种要素信息的函数尤为重要。Matplotlib 模块中的 pyplot 子模块是 Python 中最常用的绘图模块之一，具有许多绘制地图要素的函数。下面将介绍绘制地图时常使用的绘图函数。

(1)title ()函数。

title () 函数用于设置地图的标题，其调用格式为：

```
matplotlib. pyplot. title (label, fontdict, loc = 'center')
```

title () 函数中参数的含义如表 6-4 所示。

表 6-4　title () 函数中参数的含义

参数	含义
label	字符串，存放地图的标题
fontdict	此处可使用多种参数控制标题的格式与外观，常见参数如下： • fontsize：数字，设置标题大小 • fontweight：字符串，设置标题字体粗细，从细到粗的可选项分别为 'ultralight' 'light' 'normal' 'regular' 'book' 'medium' 'roman' 'semibold' 'demibold' 'demi' 'bold' 'heavy' 'extra bold' 'black' • color：字符串，设置标题颜色 • verticalalignment：字符串，设置标题垂直对齐，可选项包括 'center' 'top' 'bottom' 'baseline' 'center _ baseline' • horizontalalignment：字符串，设置标题水平对齐，可选项包括 'center' 'right' 'left'

参数	含义
loc	字符串，设置标题放置的位置，可选项包括 'center' 'left' 'right'，分别表示居中、左对齐、右对齐。默认值为 'center'

代码示例如下：

```
import matplotlib. pyplot as plt
plt. title ('一个标题', fontsize = 10, fontweight = 'bold')
```

（2）grid（）函数。

grid（）函数用于设置网络线，常在绘制地图时使用，其调用格式为：

```
matplotlib. pyplot. grid (visible, which = 'major', axis = 'both', others)
```

grid（）函数中各参数的含义如表 6-5 所示。

表 6-5　grid（）函数中各参数的含义

参数	含义
visible	布尔型，True 表示显示网络线，False 表示不显示
which	字符串，选择显示主网络线或次网络线，或均显示，可选项包括 'major' 'minor' 'both'，默认值为 'major'
axis	字符串，选择显示 x 向网络线或 y 向网络线，或均显示，可选项包括 'x' 'y' 'both'，默认值为 'both'
others	此刻可继续设置其他参数(亦可放弃使用这些参数)，例如： • alpha：范围在 0~1 的数字，设置透明度。0 表示完全透明，1 表示完全不透明 • color：字符串，设置网络线颜色 可设置的全部参数请参考 matplotlib. pyplot. grid（）函数官方文档：https://matplotlib. org/stable/api/ _ as _ gen/matplotlib. pyplot. grid. html # matplotlib. pyplot. grid

代码示例如下：

```
import matplotlib. pyplot as plt
plt. grid (True, alpha=0.5)
```

（3）text（）函数。

text（）函数用于在图片内部添加文本信息，其调用格式为：

```
matplotlib. pyplot. text (x, y, s, others)
```

text（）函数中各参数的含义如表 6-6 所示。

表 6-6　text（）函数中各参数的含义

参数	含义
x	浮点型数字，表示文本添加位置的横坐标
y	浮点型数字，表示文本添加位置的纵坐标
s	字符串，文本信息
others	设置其他文本参数，常见的参数包括： • fontsize：浮点型或以下字符串 'xx-small' 'x-small' 'small' 'medium' 'large' 'x-large' 'xx-large' • horizontalalignment：字符串，设置文本水平对齐，可选项包括'center' 'right' 'left' • fontweight：字符串，设置文本字体粗细，从细到粗的可选项分别为 'ultra-light' 'light'、'normal' 'regular' 'book' 'medium' 'roman' 'semibold' 'demibold''demi' 'bold' 'heavy' 'extra bold' 'black' 可设置的全部参数请参考 matplotlib.pyplot.text（）函数官方文档：https://matplotlib.org/stable/api/_as_gen/matplotlib.pyplot.text.html#matplotlib.pyplot.text

代码示例如下：

```
import matplotlib.pyplot as plt
plt.text（112.4，37.5，'文本信息'，fontsize= '8'，horizontalalignment = "left"）
```

（4）savefig（）函数。

savefig（）函数用于将绘制好的图片导出，其调用格式为：

```
matplotlib.pyplot.savefig（fname，dpi = 'figure'，format = None）
```

savefig（）函数中各参数的含义如表 6-7 所示。

表 6-7　savefig（）函数中各参数的含义

参数	含义
fname	字符串，包含图片输出的文件路径、文件名及其后缀
dpi	浮点型数字或 'figure'，设置输出图片的分辨率。若为 dpi = 'figure'，则表示使用图片默认的分辨率

代码示例如下：

```
import matplotlib.pyplot as plt
plt.savefig（'./一个图片标题.png'，dpi=300）
```

4. 连接属性表

pandas 模块的 merge（）函数用于实现"连接属性表"功能，具体是指连接矢量数据的属性表与外部 Excel 表格。实现原理是基于相同的属性（"属性"在属性表中称为"字段"，在 Excel 表格中称为"列"）将两个表格合并为一个表格，功能示意图如图 6-4 所示。

Excel表格　　　　　矢量数据属性表　　　　　属性表连接结果

图 6-4　"连接属性表"功能示意图

merge（）函数的调用格式为：

> pandas. merge（DataFrame1，DataFrame2，how ＝ 'inner'，on ＝ None，left _ on ＝ None，right _ on ＝ None）

merge（）函数中各参数的含义如表 6-8 所示。

表 6-8　merge（）函数中各参数的含义

参数	含义
DataFrame1	需要连接的第一个对象
DataFrame2	需要连接的第二个对象
how	字符串，规定两个对象的合并方式，可选项包括： · left：合并后，仅保留 DataFrame1 中的所有样本(行) · right：合并后，仅保留 DataFrame2 中的所有样本(行) · inner：合并后，仅保留两个对象匹配的样本(行) · outer：合并后，保留两个对象所有样本(行)的并集 默认值为 'inner'
on	进行匹配的字段名称(列名称)。若规定，则该字段需要在两个对象中均存在。如果未规定，则会自动寻找两个对象相同的字段，但有可能无法找到，此时需要设置参数 left _ on 和 right _ on。
left _ on	规定 DataFrame1 进行匹配的字段名称(列名称)
right _ on	规定 DataFrame2 进行匹配的字段名称(列名称)

将如图 6-4 所示的矢量数据属性表与 Excel 表格进行连接的代码如下：

```
import pandas as pd
dataMerge = pd. merge（vectorData，excelData，left _ on= 'NAME _ 2'，right _ on=
'NAME'）
```

5. DataFrame 的基本操作

DataFrame 是 pandas 和 geopandas 模块中最常见的数据类型之一，形式与 numpy

模块的二维数组(2darray)相似。但与 2darray 有所区别的是，DataFrame 不仅包括二维数组的内容(数组元素)，也支持对二维数组的行和列进行索引。对 DataFrame 的行进行索引的形式为"index[索引值]"，对 DataFrame 的列进行索引的形式为"column[索引值]"。DataFrame 的结构示意图如图 6-5 所示。

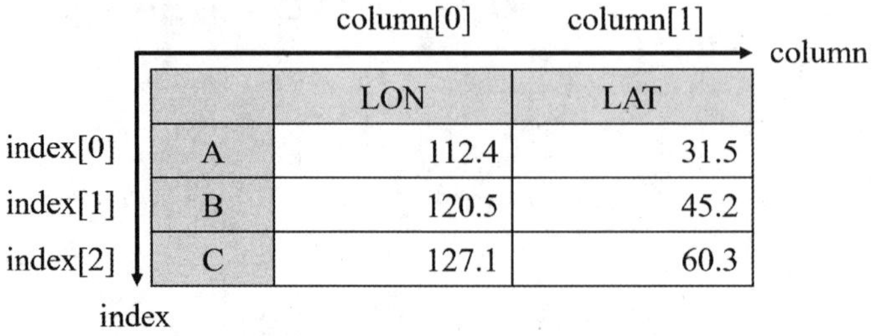

图 6-5　DataFrame 结构示意图

此处将介绍 3 个 DataFrame 的基本操作，以帮助读者理解下文绘制专题地图的代码。

(1)创建 DataFrame。

创建 DataFrame 的方法有许多，例如，上文介绍的 geopandas 和 pandas 模块中的 read_file() 和 read_excel() 函数均可将所读取的信息存储为 DataFrame。若直接创建 DataFrame，则常使用 pandas 模块的 DataFrame() 类实例化 DataFrame。

DataFrame() 类的调用格式为：

pandas. DataFrame (data = None, index = None, columns = None, dtype = None)

DataFrame() 类中各参数的含义如表 6-9 所示。

表 6-9　DataFrame ()类中各参数的含义

参数	含义
data	一组数据，可支持 numpy 二维数组、字典等类型
index	行的索引名称(行标签)列表
columns	列的索引名称(列标签)列表
dtype	规定 data 中的数据类型，仅能规定一种

接下来演示创建图 6-4 的 DataFrame。当参数 data 为 numpy 二维数组时，代码示例如下：

```
# data 为 numpy 二维数组
import pandas as pd
import numpy as np
data = np. array ([[112.4, 31.5], [120.5, 45.2], [127.1, 60.3]])
df = pd. DataFrame (data, index = ['A', 'B', 'C'], columns = ['LON', 'LAT'],
dtype = float)
```

```
print (df)
>>>
     LON   LAT
A   112.4  31.5
B   120.5  45.2
C   127.1  60.3
```

当参数 data 为字典时，代码示例如下：

```
# data 为字典
import pandas as pd
data = [{'LON': 112.4, 'LAT': 31.5}, {'LON': 120.5, 'LAT': 45.2}, {'LON':
127.1, 'LAT': 60.3}]
df = pd. DataFrame (data, index=['A', 'B', 'C'], dtype=float)
print (df)
>>>
     LON   LAT
A   112.4  31.5
B   120.5  45.2
C   127.1  60.3
```

(2)对 DataFrame 新增列。

DataFrame 新增列的方法有许多，此处介绍一种仅借助索引、无须使用函数的简便方法。其形式为："obj ['column'] = value"，其中 obj 为 DataFrame 的实例名。

例如，对图 6-5 所示的 DataFrame 新增一列"GDP"，代码示例如下：

```
import pandas as pd
import numpy as np
data = np. array ([[112.4, 31.5], [120.5, 45.2], [127.1, 60.3]])
df = pd. DataFrame (data, index=['A', 'B', 'C'], columns=['LON', 'LAT'],
dtype=float)
print (df)
>>>
     LON   LAT
A   112.4  31.5
B   120.5  45.2
C   127.1  60.3

# 增加列"GDP"并赋予每一行值
df['GDP'] = [12400.56, 3673.54, 7816.42]
print (df)
```

```
>>>
      LON    LAT     GDP
A   112.4   31.5   12400.56
B   120.5   45.2    3673.54
C   127.1   60.3    7816.42
```

(3)对 DataFrame 内容的自定义操作。

当要对 DataFrame 的内容进一步操作(如对特定行或列取倒数等)时，DataFrame()类提供了一个强大的方法 apply()，便于实现对 DataFrame 内容的多样化操作。若对 DataFrame 的特定行或列操作时，则可通过特定行或列的索引名称实现，apply()方法的调用格式为：

DataFrame ['索引名称 x']. apply (func, axis＝0)

apply ()方法中各参数的含义如表 6-10 所示。

表 6-10　apply ()方法中各参数的含义

参数	含义
x	DataFrame 的行或列。当 axis＝0(默认值)时，x 表示列；axis ＝1 时，x 表示行
func	作用于行或列的函数，函数作用于特定行或列。其中函数可以是匿名函数，即形式为"lambda x: x. func"
axis	规定 func 将应用于 DataFrame 的行还是列。若为 0 或 'index'，则应用于每一列；若为 1 或 'columns'，则应用于每一行，默认值为 0

例如，当要创建如下 DataFrame 时，代码示例如下：

```
import pandas as pd
import numpy as np
data = np. array ([[1, (2, 3)], [2, (7, 8)], [3, (6, 10)]])
df = pd. DataFrame (data, index = ['A', 'B', 'C'], columns = ['num', 'tuple'])
print (df)
>>>
   num    tuple
A   1     (2, 3)
B   2     (7, 8)
C   3     (6, 10)
```

计算"tuple"列每个元组的平均值时，代码示例如下：

```
Print (df['tuple']. apply (lambda x: np. mean (x)))
>>>
A    2.5
B    7.5
C    8.0
```

6. 基于 DataFrame 绘制地图

本节将介绍基于 DataFrame 绘制地图的常见操作，包括分层设色以及常使用的地图要素绘制参数。分层设色能够使专题地图的主题突出、外观美化，是制作专题地图尤为重要的一步。分层设色具体是指根据要素某一字段的属性值（通常为数字）的高低，依据一定的分类标准将所有要素进行分类，并为每一类设置一个颜色加以区分。

Geopandas. GeoDataFrame 子模块中的 plot（）函数是对 DataFrame 进行地图绘制的常用函数，包括许多设置地图外观和要素的参数。其调用格式为：

DataFrame. plot（parameters）

常用的绘图参数（parameters）如表 6-11 所示。

表 6-11　常用的绘图参数（parameters）

参数	含义
column	需要绘制的 DataFrame 列的索引名词
cmap	指定色带颜色。可选色带颜色的完整列表可参考： https：//matplotlib. org/stable/tutorials/colors/colormaps. html。
color	指定颜色，若设置该参数，则全部要素均统一为该颜色
legend	布尔型（默认值为 False），是否绘制图例
legend _ kwds	设置图例的外观和位置。例如，"legend _ kwds ＝ {"loc"："lower right"}"可设置图例位置位于地图右下角；"legend _ kwds ＝ {"label"："GDP"}，"可设置图例名称
scheme	使用前需安装 mapclassify 模块。按照预设算法对属性值进行分类。预设算法包括'BoxPlot''EqualInterval''FisherJenks''FisherJenksSampled''HeadTail-Breaks''JenksCaspall''JenksCaspallForced''JenksCaspallSampled''MaxP''MaximumBreaks''NaturalBreaks''Quantiles''Percentiles''StdMean''UserDefined'，算法的详细解释可参考 geopandas 官方文档（https：//geopandas. org/en/stable/gallery/choropleths. html）
k	在设置了 scheme 参数时使用，规定分类个数
figsize	设置地图大小，形式为"figsize ＝（长，宽）"

6.4.2　综合实例

本节中，将综合运用 6.4.1 节的基础技术知识，以北京市西城区街道 2020 年常住人口为示例数据，绘制面状专题地图。

具体使用的数据为一份 Excel 表格（北京市西城区街道 2020 年常住人口数）、一份 Shapefile 文件（北京市西城区街道边界矢量数据）。其中，北京市西城区街道 2020 年常住人口数通过北京市西城区第七次全国人口普查公报[①]获取，并将该数据存放到 Excel 表格中，如图 6-6 所示。

---

① 　https：//www. bjxch. gov. cn/xcsj/xxxq/pnidpv896475. html

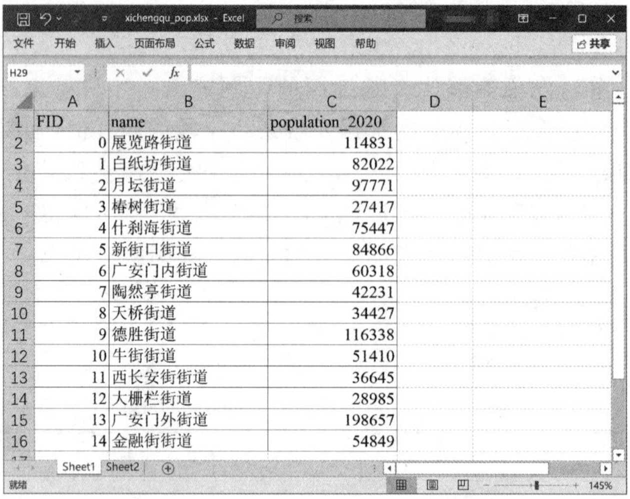

	A	B	C	D	E
1	FID	name	population_2020		
2	0	展览路街道	114831		
3	1	白纸坊街道	82022		
4	2	月坛街道	97771		
5	3	椿树街道	27417		
6	4	什刹海街道	75447		
7	5	新街口街道	84866		
8	6	广安门内街道	60318		
9	7	陶然亭街道	42231		
10	8	天桥街道	34427		
11	9	德胜街道	116338		
12	10	牛街街道	51410		
13	11	西长安街街道	36645		
14	12	大栅栏街道	28985		
15	13	广安门外街道	198657		
16	14	金融街街道	54849		

图 6-6　北京市西城区街道 2020 年常住人口数(xichengqu_pop.xlsx)

首先，导入必要的第三方模块，读取矢量数据属性表信息和 Excel 表格信息。

```
import geopandas as gpd
import pandas as pd
import matplotlib.pyplot as plt

#读取矢量数据属性表信息
shpData = gpd.read_file(r'D:\x\xichengqu.shp', encoding='utf-8')
#读取 excel 表格信息
xlsxData = pd.read_excel(r'D:\x\xichengqu_pop.xlsx')
```

其次，连接属性表。矢量数据属性表信息与 Excel 表格信息中，“name”字段(列)内容一致，将作为两张表格匹配的依据。合并后的结果赋予 data，类型为 DataFrame。

```
data = pd.merge(shpData, xlsxData, left_on = name', right_on = 'name')
```

将两张表格合并后，即可进行专题地图的绘制。接下来，我们将分别设置此专题地图中的标题、网络线、街道名称、街道颜色等。

1. 标题

标题使用 matplotlib.pyplot.title() 函数进行设置。

```
plt.title('北京市西城区街道 2020 年常住人口(单位：人)')
```

2. 网络线

网络线使用 matplotlib.pyplot.grid() 函数进行设置，透明度设置为 50%。

```
plt.grid(True, alpha = 0.5)
```

3. 街道名称

将街道名称作为文本信息添加到地图中，假设欲添加的位置是各街道面要素的几何中心。其实现方法分为两步：计算出每个街道面要素的几何中心；将各街道名称信息添加到每个街道面要素的几何中心。

(1)计算出每个街道面要素的几何中心。

首先，通过"DataFrame['geometry']"获取面要素的空间范围。其返回结果是由系列经、纬度组成的元组"(经度，纬度)"，DataFrame 自动增加名为"geometry"的列，存放该元组。其次，通过 representative_point() 函数计算得到上述空间范围的几何中心。该函数的返回结果通过 representative_point().coords[0] 的形式进行查询。

为了存放每个面要素的几何中心位置，将为 DataFrame 增加名为"coords"的列。上述全部过程均可一行代码实现：

```
data['coords'] = data['geometry'].apply(lambda x: x.representative_point().coords[0])
print(data['coords'])
>>>
0     (443453.23426765844, 4422327.1745)
1     (444909.70813884283, 4415878.5205)
2     (443539.7599989653, 4419397.125200001)
3     (446410.5925254723, 4417796.19855)
4     (446889.6792862351, 4422227.1509)
5     (445130.21157528064, 4422528.865099999)
6     (444911.45106517803, 4417904.00895)
7     (446510.0685372128, 4416212.55595)
8     (447549.1875208164, 4416432.2423)
9     (446418.76504539273, 4425212.064549999)
10    (444899.9098140195, 4416939.88455)
11    (446624.9188533501, 4419686.2174)
12    (447407.731161495, 4417837.2528)
13    (442653.5839952566, 4416665.948150001)
14    (445126.5037951985, 4419771.0982)
Name: coords, dtype: object
```

(2)将各街道名称信息添加到每个街道面要素的几何中心。

通过 for 循环和 text() 函数将每个街道名称添加到对应面要素的几何中心。

```
for n, i in enumerate(data['coords']):
    plt.text(i[0], i[1], data['name'][n])
```

4. 街道颜色

此处，将使用自然断点法将各街道常住人口数分成 4 类。

```
data. plot (figsize = (6，8)，                        # 地图大小
        column = 'population _ 2020'，                # 分级设色的列名
        scheme = 'NaturalBreaks'，                    # 按自然断点法分类
        k=4，                                         # 分为 4 类
        legend = True，                               # 是否添加图例
        legend _ kwds = {"loc"："upper left"}，        # 图例位置放置于地图左上角
        cmap = 'Reds'，                               # 规定色带颜色为渐变红
        edgecolor = 'k')                              # 边框颜色为黑色
```

最后，将绘制完成的地图导出，在导出时需设置图片分辨率。

```
plt. savefig ('. / 北京市西城区街道 2020 年常住人口 . png'，dpi = 300)
```

完整代码示例如下：

```
import geopandas as gpd
import pandas as pd
import matplotlib. pyplot as plt
shpData = gpd. read _ file (r 'D：\ x \ xichengqu. shp'，encoding= 'utf-8')
xlsxData = pd. read _ excel (r 'D：\ x \ xichengqu _ pop. xlsx')
data = pd. merge (shpData, xlsxData, left _ on = 'name'，right _ on = ' name ')
data['coords'] = data['geometry']. apply(lambda x：x. representative _ point(). coords[0])
data. plot(figsize = (6，8)，
        column = 'population _ 2020'，
        legend = True，
        legend_ kwds = {"loc"："upper left"}，
        cmap = 'Reds'，
        scheme = 'NaturalBreaks'，
        k = 4，
        edgecolor = 'k')
for n, i in enumerate(data['coords'])：
    plt. text(i[0] - 0. 2, i[1], data['name'][n])
plt. title ('北京市西城区街道 2020 年常住人口（单位：人）')
plt. grid (True, alpha = 0. 5)
plt. savefig ('. / 北京市西城区街道 2020 年常住人口 . png'，dpi=300)
```

绘图结果如图 6-7 所示。

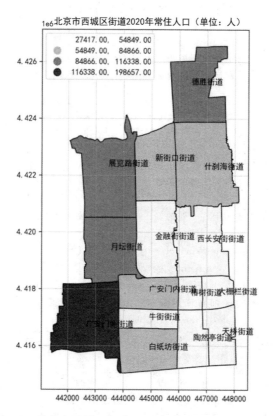

图 6-7　北京市西城区街道 2020 年常住人口数专题地图

6.5　点状专题地图的绘制

6.5.1　技术基础

绘制点状专题地图时，可借助的第三方模块为 geopandas、geoplot。geoplot 是一个以 geopandas 为基础开发的第三方模块，主要用于绘图。geoplot 模块内提供了许多高度封装的绘图函数，在很大程度上简化了绘图难度。

在演示点状专题地图的代码实现之前，需要介绍 geoplot 模块中的核心函数 pointplot（）。该函数是对 DataFrame 进行点状专题地图绘制的核心函数，包括多种设置点状地图元素的参数。其调用格式为：

```
geoplot. pointplot（df, parameters）
```

其中，df 为需要绘制的 DataFrame 对象，常用的绘图参数（parameters）如表 6-12 所示。

表 6-12　常用的绘图参数（parameters）

参数	含义
projection	指定所绘制地图的投影坐标系。 可选择的投影坐标系来自 geoplot. crs 子模块，参数使用形式为"projection = geoplot. crs. AlbersEqualArea ()"
hue	需要设色的 DataFrame 列的索引名称
cmap	指定色带颜色。可选色带颜色的完整列表可参考： https：//matplotlib. org/stable/tutorials/colors/colormaps. html
scheme	在设置了 hue 参数时使用，按照预设算法对传入 hue 参数的属性值进行分类。需要注意的是，pointplot () 函数与 plot () 函数有所区别的地方在于，此处的 scheme 无法直接规定预设分类算法，而需要通过调用 mapclassify 模块单独规定，形式为： scheme = mapclassify. schemes (DataFrame[column]，k=none) 其中，schemes 为预设算法，包括 'BoxPlot' 'EqualInterval' 'Fisher-Jenks' 'HeadTailBreaks' 'MaximumBreaks' 'NaturalBreaks'等，算法的详细解释可参考 geopandas 官方文档（https：//geopandas. org/en/stable/gallery/choropleths. html）
scale	当需要依据 DataFrame 某列的值区分地图中点的大小时，用于指定 DataFrame 列的索引名词
limits	元组类型，在设置了 scale 时使用，用于规定点的最小尺寸（min）和最大尺寸（max），形式为"（min，max）"
s	当未设置 scale 时，用于规定地图中点的大小
color	当未设置 hue 时，用于规定地图中点的颜色
edgecolors	规定地图中点的轮廓颜色
linewidth	规定点轮廓的粗细
legend	布尔型（默认值为 False），是否绘制图例
legend _ var	在设置了 hue 或 scale 时使用，当"legend _ var = hue"时用于在图例中显示颜色；当"legend _ var = scale"时用于在图例中显示要素大小
legend _ kwargs	设置图例的外观和位置。例如，"legend _ kwargs = { 'orientation'： ' horizontal'}"可规定图例水平摆放。其他设置可参考官方文档： https：//matplotlib. org/3. 1. 0/api/_ as _ gen/matplotlib. pyplot. legend. html
legend _ labels	列表，自定义图例中显示的文字标签
legend _ values	列表，自定义图例中显示的每个值

　　需要注意的是，pointplot () 函数中传入的矢量数据类型必须为点要素，且地理坐标系必须为"WGS 1984"，否则无法正常显示。

6.5.2　综合实例

本节中，将综合运用 pointplot（）函数，以北京气象站点要素分布为示例数据，绘制点状专题地图。

使用数据为一份 Shapefile 文件(北京市气象站矢量数据)，该数据中有北京市气象站在 2015 年 1 月的平均气温(单位为摄氏度)，如图 6-8 所示，属性表如图 6-9 所示。

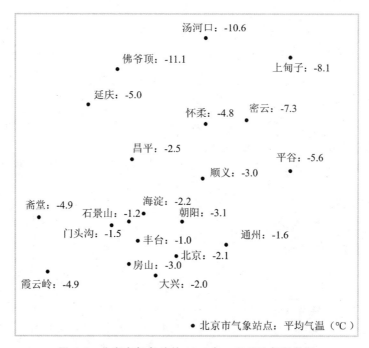

图 6-8　北京市气象站的 2015 年 1 月平均气温数据

FID	Shape *	NO	sheng	name	avg_tem
0	点	89	北京	上甸子	-8.1
1	点	90	北京	平谷	-5.6
2	点	82	北京	顺义	-3
3	点	83	北京	海淀	-2.2
4	点	85	北京	佛爷顶	-11.1
5	点	86	北京	汤河口	-10.6
6	点	87	北京	密云	-7.3
7	点	88	北京	怀柔	-4.8
8	点	91	北京	通州	-1.6
9	点	92	北京	朝阳	-3.1
10	点	93	北京	昌平	-2.5
11	点	95	北京	门头沟	-1.5
12	点	96	北京	北京	-2.1
13	点	97	北京	石景山	-1.2
14	点	98	北京	丰台	-1
15	点	99	北京	大兴	-2
16	点	100	北京	房山	-3
17	点	84	北京	延庆	-5
18	点	94	北京	斋堂	-4.9
19	点	101	北京	霞云岭	-4.9

图 6-9　"airport _ us. shp"属性表

首先，导入必要的第三方模块，使用 geopandas 模块的 read_file() 函数读取矢量数据。

```
import geoplot as gplt
import geoplot. crs as gcrs
import geopandas as gpd
import matplotlib. pyplot as plt

stations = gpd. read_file (r"D:\x\ station_avg_tem_beijing. shp", encoding = 'utf-8')
```

其次，将所读取的 DataFrame 类型对象 airports 传入 pointplot() 函数进行地图绘制。

```
# 将"avg_tem"字段的值分为 3 个等级，分类算法采用"FisherJenks"
scheme = mc. FisherJenks(stations['avg_tem'], k=3)
# 设置地图的各种参数
gplt. pointplot (stations,
                hue = 'avg_tem',          # 分层设色的索引名称为"avg_tem"
                scale = ' avg_tem ',       # 地图中点的大小基于 avg_tem 值的大小
                limits = (5, 10),          # 规定地图中点的最大和最小尺寸
                scheme = scheme,           # 根据已设置好的 scheme 分层设色
                legend = True,             # 添加图例
                legend_var = 'hue',        # 设置为'hue'时图例显示色彩映射信息
                edgecolor = 'black',       # 地图中点的轮廓颜色设置为黑色
                linewidth = 0.5,           # 点轮廓的粗度
                cmap = 'Greys',            # 点的颜色为由深到浅的灰色色带
                figsize = (8, 6))          # 地图大小
plt. savefig ('. /stations_bj. png', dpi = 300)   # 输出地图到指定路径，规定分辨率
```

上述代码的绘图结果如图 6-10 所示。

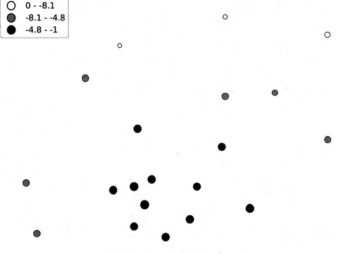

图 6-10 北京市气象站在 2015 年 1 月的平均气温专题地图

6.6　线状专题地图的绘制

6.6.1　技术基础

本节所介绍的线状专题地图是一种通过线段的粗细等特征表示对象某属性值的流动情况，也被称为地理空间中的"桑基图"（sankey diagram）。绘制线状专题地图所借助的第三方模块同点状专题地图一样，为 geopandas 和 geoplot。在演示线状专题地图的代码实现之前，需要介绍其核心函数 sankey（）。sankey（）函数的调用格式为：

```
geoplot. sankey (df，parameters)
```

其中，df 为需要绘制的 DataFrame 对象，sankey（）函数要求 df 所代表的矢量数据必须为线要素或面要素。绘图参数 parameters 可参考 pointplot（）函数。

6.6.2　综合实例

本节中，将综合运用 sankey（）函数，以某地区街道的年平均每日交通量为示例数据，绘制线状专题地图。

具体使用的数据为一份 Shapefile 文件（街道线状矢量数据），数据来自 Open Data DC 网站（https：//opendata. dc. gov/search？ q＝Traffic％20Count），如图 6-11 所示，数据属性表如图 6-12 所示。属性表中的字段"AADT"是本节将使用的字段，其含义为"年平均每日交通量（Annual Average Daily Traffic）"。

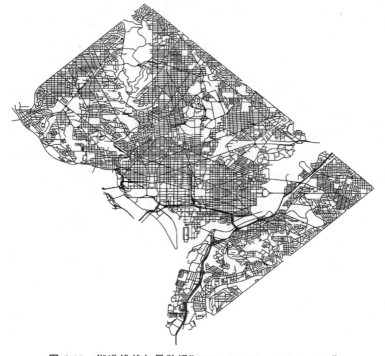

图 6-11　街道线状矢量数据"2018 _ Traffic _ Volume. shp"

表

2018_Traffic_Volume

FID	Shape	ROUTEID	FROMMEASUR	TOMEASURE	FROMDATE	TODAT	EVENTID	AADT	AADT_YEAR
15	折线 ZM	11001602	10277. 844	10287. 269	2018/1/1		{ABDAFDAE-ED4B-491A-8518-659E59771785}	29330	2018
16	折线 ZM	11024332	0	8. 313	2018/1/1		{AFAC7EE2-E19E-4011-8E0F-86815749B69A}	2000	2018
17	折线 ZM	11092432	974. 248	996. 636	2018/1/1		{26333F6B-195E-4721-800C-8147E8154E45}	0	2018
18	折线 ZM	11065582	0	171. 623	2018/1/1		{08817A87-4922-4A23-BBB3-F9CA8CE1BC39}	3295	2018
19	折线 ZM	11001602	10100. 097	10277. 844	2018/1/1		{1ACDFAB6-9F69-4CC1-8FC5-9F5540BE5106}	29330	2018
20	折线 ZM	11031982	2589. 662	2768. 833	2018/1/1		{F6206D66-DE24-4C2F-A84D-7468220DCF73}	6414	2018
21	折线 ZM	11092492	0	114. 235	2018/1/1		{FDCFE70C-A8BA-4BC4-B21B-DD8DE3A725E8}	0	2018
22	折线 ZM	11092432	780. 768	974. 248	2018/1/1		{EDE4FBAA-E8D2-43DB-B2C9-F16E5691D6AB}	0	2018
23	折线 ZM	11082032	0	194. 824	2018/1/1		{F0426F23-234E-437E-A2AB-572A8935CC1B}	0	2018
24	折线 ZM	11074942	107. 759	287. 792	2018/1/1		{E21FD2AB-698B-4FA9-BB83-C37395C1228A}	0	2018
25	折线 ZM	11084762	0	85. 807	2018/1/1		{C6553485-E341-4790-955D-F2B02EC20A1B}	0	2018
26	折线 ZM	11072282	772. 345	837. 606	2018/1/1		{A52260ED-D7E1-43EC-8C4B-C585D2DEBDE1}	4131	2018
27	折线 ZM	11065582	171. 623	282. 616	2018/1/1		{2CAB2BEE-37F3-4806-B988-EF5C91CC0F97}	3295	2018
28	折线 ZM	11031982	2415. 36	2589. 662	2018/1/1		{C91A599C-218E-496E-AC75-AED90D087287}	6414	2018
29	折线 ZM	11071562	0	135. 314	2018/1/1		{6B946C78-FF52-498A-9CCF-AFD010C29D2C}	0	2018
30	折线 ZM	11072282	685. 833	772. 345	2018/1/1		{F0C2EF35-2496-4191-B2B5-5CCD51E6FCA1}	4131	2018
31	折线 ZM	11083392	231. 447	437. 422	2018/1/1		{26EAA356-3856-4105-98BC-A1DAA5A5AFE2}	0	2018
32	折线 ZM	11001602	10018. 332	10100. 097	2018/1/1		{441F8503-CB3E-4CED-89EA-146FAA5244E6}	29330	2018
33	折线 ZM	11071562	135. 314	464. 131	2018/1/1		{2985854F-EC83-4E46-BD12-C9F82D6F3D8D}	1630	2018
34	折线 ZM	11072282	614. 834	685. 833	2018/1/1		{66E3EC6D-6299-43AB-8ED8-13FD9A31C498}	4131	2018
35	折线 ZM	11074942	287. 792	580. 216	2018/1/1		{FA6EA6F3-ACDF-4D4F-ABF6-685B2A4F0475}	0	2018
36	折线 ZM	11015792	0	108. 791	2018/1/1		{4474AFF0-5AF7-4E8F-9AA3-D9B79CF8E0D5}	0	2018

1 (0 / 22835 已选择)

2018_Traffic_Volume

图 6-12 "2018 _ Traffic _ Volume. shp"属性表

首先，导入必要的第三方模块，使用 geopandas 模块中的 read _ file () 函数读取矢量数据属性表的内容。

```
import geopandas as gpd
import geoplot as gplt
import geoplot. crs as gcrs
import matplotlib. pyplot as plt

fname = r 'D: \ 2018 _ Traffic _ Volume. shp'
dc _ roads = gpd. read _ file (fname)
```

其次，将所读取的 DataFrame 类型对象 dc _ roads 传入 sankey () 函数进行地图绘制。

```
gplt. sankey (
    dc _ roads, projection = gcrs. AlbersEqualArea(),
    scale = 'AADT', limits = (0. 1, 10), color = 'black'
)
```

再增加地图的标题，将地图输出到指定路径。

```
plt. title ("Streets in Washington DC by Average Daily Traffic, 2018")
plt. savefig ('. /dc _ aadt. png', dpi = 300)
```

上述代码的绘图结果如图 6-13 所示，街道的线段越粗，代表年平均每日交通量越大。

图 6-13 街道年平均每日交通量线状地图

6.7 比例面积统计地图的绘制

6.7.1 技术基础

第三方模块 geoplot 中的 cartogram()和 polyplot()函数是绘制比例面积统计地图的核心函数,包括多种设置地图元素的参数。cartogram()函数将矢量数据中的每个面要素单元依据某字段属性值,通过将每个面要素"整体按比例缩小不同程度"的方式展示不同面要素单元的区别。polyplot()函数包括用于绘制底图的多种参数。通常情况下,只有不同比例的面要素无法直观反映地理图景,并且绘制出实际面要素轮廓能够使地图更加美观。因此,上述两个函数通常搭配使用。cartogram()和 polyplot()函数的调用格式为:

geoplot. cartogram(df,parameters)
geoplot. polyplot(df,parameters)

其中,df 为需要绘制的 DataFrame 对象,cartogram()和 polyplot()函数要求 df 所代表的矢量数据必须为面要素。常使用的绘图参数 parameters 可参考 pointplot()函数,此处补充一些面要素绘制的参数如表 6-13 所示。

表 6-13 面要素绘制部分参数的含义

参数	含义
ax	当需要在一张图片中叠置多个图层,需要使用该参数。例如,当将线要素同面要素叠置时,可规定"a = geoplot. sankey(df,parameters)",此时 a 代表了线要素的绘制信息。接着,在绘制面要素时使用 ax 参数,将线要素叠置到面要素中,即"geoplot. polyplot(df,ax = a)"

续表

参数	含义
facecolor	规定面要素的颜色
edgecolor	规定面要素轮廓线的颜色

6.7.2　综合实例

本节中，将综合运用 6.7.1 节中介绍的 cartogram（）函数，以北京市西城区街道 2020 年常住人口为示例，绘制比例面积统计地图。

具体使用的数据为一份 Excel 表格(北京市西城区街道 2020 年常住人口数)、一份 Shapefile 文件(北京市西城区街道边界矢量数据)。其中，北京市西城区街道 2020 年常住人口数通过北京市西城区第七次全国人口普查公报获取，并将该数据存放到 Excel 表格中，如图 6-6 所示。北京市西城区街道面状矢量数据如图 6-14 所示。

图 6-14　北京市西城区街道面状矢量数据

比例面要素的绘制代码示例如下：

```
ax＝gplt. cartogram（data,
                scale ＝ 'population_2020',      # 基于各街道人口设置面要素缩小比例
                limits ＝（0.3, 1),              # 控制 scale 缩小比例在 0.3~1
                legend ＝ True,                  # 添加图例
                legend_var ＝ 'hue',            # 图例显示 hue 中设置的颜色
                legend_kwargs ＝｛'loc': 'upper left', 'labelspacing': 1,
                'borderpad': 1, 'fontsize': 13, 'borderaxespad': 0.2｝,
                legend_labels ＝［'2.7 万~7 万人', '7 万~1.1 万人', '1.1 万~1.6
万人', '1.6 万~2 万人', '>2 万人'］,                # 规定图例中的文字
                edgecolor ＝ 'lightgray',       # 每个面要素的边框颜色
                figsize ＝（10, 12))             # 地图大小
```

北京市西城区街道边界底图的绘制代码示例如下：

```
# 通过 ax 参数的设置，将 cartogram 所设置的面要素叠置到底图中
gplt. polyplot（shpData, ax ＝ ax, facecolor ＝ 'lightgray', edgecolor ＝ 'white')
```

完整代码示例如下：

```
import geopandas as gpd
import pandas as pd
import geoplot as gplt
import matplotlib. pyplot as plt
shpData ＝ gpd. read_file（r'D: \ x \ Python_test \ xichengqu. shp', encoding ＝ 'utf−8')
xlsxData ＝ pd. read_excel（r'D: \ x \ Python_test \ xichengqu_pop. xlsx')
data ＝ pd. merge（shpData, xlsxData, left_on ＝ 'name', right_on ＝ 'name')
ax ＝ gplt. cartogram（data,
                scale ＝ 'population_2020',
                limits ＝（0.3, 1),
                legend ＝ True,
                legend_var ＝ 'hue',
                legend_kwargs ＝｛'loc': 'upper left', 'labelspacing': 1,
                'borderpad': 1, 'fontsize': 13, 'borderaxespad': 0.2｝,
                legend_labels ＝［'2.7 万~7 万人', '7 万~1.1 万人', '1.1 万~1.6
万人', '1.6 万~2 万人', '>2 万人'］,
                edgecolor ＝ 'lightgray',
                figsize ＝（10, 12))
gplt. polyplot（shpData, ax ＝ ax, facecolor ＝ 'lightgray', edgecolor ＝ 'white')
plt. savefig（'. /cartogram. png', dpi ＝ 300)
```

比例面积统计地图的绘制结果如图 6-15 所示。

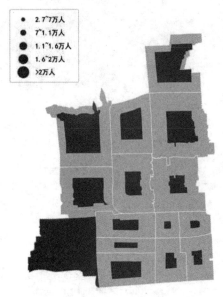

图 6-15　北京市西城区街道 2020 年常住人口比例面积统计地图

参考文献

[1]ANSELIN L，GETIS A. Spatial statistical analysis and geographic information systems［J］. The Annals of Regional Science，1992，26(1)：19-33.

[2]CHEN J，DOWMAN I，LI S，et al. Information from imagery：ISPRS scientific vision and research agenda［J］. ISPRS Journal of Photogrammetry and Remote Sensing，2016，115：3-21.

[3]HEY A，BILL R. Placing dots in dot maps［J］. International Journal of Geographical Information Science，2014，28(12)：2417-2434.

[4]LI Z，DONG W. A stroke－based method for automated generation of schematic network maps［J］. International Journal of Geographical Information Science，2010，24(11)：1631-1647.

[5]LOBBEN A. Classification and application of cartographic animation［J］. The Professional Geographer，2003，55(3)：318-328.

[6]ROTH R E，WOODRUFF A W，JOHNSON Z F. Value－by－alpha maps：An alternative technique to the cartogram［J］. The Cartographic Journal，2010，47(2)：130-140.

[7]SUN H，LI Z. Effectiveness of cartogram for the representation of spatial data［J］. The Cartographic Journal，2010，47(1)：12-21.

[8]TANG F. A comparative study of various travel time representation approaches for a road network［D］. Hong Kong：The Hong Kong Polytechnic University，2012.

[9]TI P，LI Z. Generation of schematic network maps with automated detection and enlargement of congested areas［J］. International Journal of Geographical Information Science，2014，28(3)：521-540.

[10]韩睿. Cartogram 用于表达 GlobeLand30 数据的有效性研究［D］. 成都：西南交通大学，2016.

[11]黎夏，刘凯. GIS 与空间分析：原理与方法［M］. 北京：科学出版社，2006.

[12]李志林，张文星，张红. 数字化时代地图概念的探讨［J］. 测绘科学技术学报，2013，30(4)：375-379.

[13]逯鹏，徐柱，肖亮亮，等. 网状地图自动化示意化设计规则研究综述［J］. 测绘通报，2015(3)：1-5.

[14]祝国瑞. 地图学［M］. 武汉：武汉大学出版社，2004.

结 语

教材是教育事业的重要支撑，受到党和国家的长期高度重视。近年来，中共中央办公厅、国务院办公厅于 2016 年联合印发了《关于加强和改进新形势下大中小学教材建设的意见》，从制度层面明确了教材建设是国家大事。因此，推进新时代教材建设、全面提升教材质量、发挥教材育人作用是每位教育工作者责无旁贷的义务。

著名教育家叶圣陶先生曾指出，教材应具有科学性、规范性、适应性①。本教材在保证科学性和规范性的基础上，力求做到以下两个"适应性"。

首先，适应时代潮流，将 GIS 空间分析与新型、盛行的编程语言 Python 相结合。该做法使得我国 GIS 空间分析理论与实践方面的教材更加丰富。在大部分教材采用商业软件（ArcGIS 等）实现、少量教材采用开源软件（QGIS 等）的格局下，补充了借助底层编程语言直接实现 GIS 空间分析的做法。该做法丰富了 GIS 专业学生的选择，降低了第二学位本科生或跨行业人士的学习门槛。

其次，适应新型学生和读者的特点。正如前言中所说，第二学士学位教育是我国高等教育中的新热门。原国家教育委员会等于 1987 年制定了《高等学校培养第二学士学位生的试行办法》，当时"只能根据国家的特殊需要有计划地按需培养，不大面积铺开"②。2020 年起，教育部办公厅相继发布《关于在普通高校继续开展第二学士学位教育的通知》《关于进一步做好第二学士学位教育有关工作的通知》，为了创造更多再学习机会、增强学生就业与创业能力，开始鼓励高校开展第二学士学位教育。根据 2020 年第二学士学位专业备案结果③，我国已有 497 所高校的 3 426 个第二学士学位专业，形成了规模。第二学士学位与双学士学位不同，已成为我国主要的全日制学历教育之一（博士学位研究生、硕士学位研究生、第二学士学位、本科、专科）。攻读者的第二学士学位和本科学位通常分属不同的学科门类，并且第二学士学位的学制仅为两年，因此第二学士学位的教学要求考虑学生更多样化的背景、当前课程可能为零起点的基础、要求有能快速入门的特色、能够支持快速应用和学科交叉的需求。在适应这些要求与需求的基础上，推出了本教材。也正因为这些适应性，本教材亦适用于地理信息科学专业相关的本科生、期待快速入门的爱好者。

读者朋友通过学习本教材，应已掌握 GIS 空间分析的基础方法与技能，具备举一反三进行分析的能力。有必要提示读者朋友们的是，GIS 空间分析是一门综合性高、实践性强、可创新发展的课程与研究领域，在解决实际问题时需灵活使用已有的方法

---

① 夏海鹰. 叶圣陶教材价值思想对新课改教材建设的启示［J］. 课程·教材·教法，2015，35（1）：43-48.

② http：//www.moe.gov.cn/jyb_hygq/hygq_zczx/moe_1346/moe_1354/tnull_39395.html

③ http：//www.moe.gov.cn/srcsite/A08/moe_1034/s3883/202007/t20200710_471303.html

与模型，甚至需要为实际问题、复杂问题创建新的方法与模型。此外，基于 Python 的 GIS 空间分析途径多式多样，实现相同功能的 Python Package 可能并不唯一，且日新月异。因此，建议以本教材所教授的途径为基础和练习，并保持对新事物的好奇与探索。相信读者朋友们定能开始驾驭 Python 的强大功能，并基于 Python 快速、高效、灵活、扩展地分析与处理空间数据。

最后，诚挚地感谢北京师范大学出版社赵洛育老师辛勤细致的编辑工作以及陈仕云编辑、刘先勤编辑的支持。同时，感谢闫浩文教授的宝贵建议。本教材的完成和出版受到以下项目的经费支持：第八届中国科协青年人才托举工程项目（依托单位中国地理学会）、国家自然科学基金面上项目（42271418）、北京师范大学珠海校区 2022 年教学建设与改革项目（JX2022001）。真诚欢迎读者朋友们批评、指正、来信交流（gaopc@bnu.edu.cn）。

高培超
2023 年 6 月 5 日